Gongzuozhong Wuxiaos...

工作中无小事

——细节决定成败——
伟大源自于平凡的积累

张艳玲◎改编

民主与建设出版社
·北京·

图书在版编目（CIP）数据

工作中无小事 / 张艳玲改编 . —北京 : 民主与建设出版社，2015.9（2021.4 重印）

ISBN 978-7-5139-0745-3

Ⅰ . ①工… Ⅱ . ①张… Ⅲ . ①工作方法－通俗读物Ⅳ . ① B026-49

中国版本图书馆 CIP 数据核字（2015）第 210160 号

工作中无小事

GONGZUO ZHONG WU XIAOSHI

改　　编　张艳玲
责任编辑　程　旭
封面设计　天下书装
出版发行　民主与建设出版社有限责任公司
电　　话　（010）59417747　59419778
社　　址　北京市海淀区西三环中路 10 号望海楼 E 座 7 层
邮　　编　100142
印　　刷　三河市同力彩印有限公司
版　　次　2015 年 9 月第 1 版
印　　次　2021 年 4 月第 2 次印刷
开　　本　710 毫米 ×944 毫米　1/16
印　　张　13
字　　数　130 千字
书　　号　ISBN 978-7-5139-0745-3
定　　价　45.00 元

前言 PREFACE

成功学大师戴尔·卡耐基曾说:"一个不注意小事情的人,永远不会成就大事业。"

GE公司前CEO杰克·韦尔奇也说过:"一件简单的小事情,所反映出来的是一个人的责任心。工作中的一些细节,唯有那些心中装着大责任的人能够发现,能够做好。"现实工作中的失败,常常不是因为"十恶不赦"的大错误引起的,而是那些看似不足挂齿的小错误造成的。在环环相扣的工作中,小毛病不断地被放大,早已不再是微不足道的了。

心理学上有一个著名的"不值得定律":在潜意识中,人们习惯于对要做的每一件事情都做一个值得或不值得的评价,不值得做的事情也就不愿意去做或不愿意做好。在现实中,太多的人只关注有光环的大事情,能够满足虚荣心的、出人头地的大事业,而将本职工作中的许多具体事情归类为不值得做的小事情,即使这些小事情是通往大事业的必经之路。

作为一个普通人,在日常生活中,很显然都是重复地做着许多小事。但有很多人总是觉得"天将降大任于斯人也",所以他们有时候就会怀着无所谓的态度,认为这些小事不需要太认真,有着不屑一顾的态度。殊不知,能够将这些小事做好也是一件不容易的事。古语道"不积跬步,无以至千里",如果经常能够将小事做好,注意细节,就会培养一种细心、不骄不躁的好习惯,为我们以后的发展打下良好的基础。

对每个人来说,工作是义不容辞的责任,而不是负担。在工作中没有一件事是小事，也不能因为是小事就敷衍应付或轻视懈怠。只有抱着“工作中无小事”的态度去做自己的工作，才能对工作产生兴趣，才能把工作做细做好。重视工作中的小事，这不仅是工作的原则，也是人生的原则。做好工作中的小事，才是真正担得起“大责任”的人。

当重视小事成为一种习惯，当责任感成为一个人的生活态度，我们就会与胜任、优秀、成功相伴。

目　录

前言 …………………………………………………………… 1

第一章　为什么说工作中无小事

01　小的细节往往决定大的结果 …………………………… 2
02　重视每一件小事 …………………………………………… 5
03　不因一点疏忽而铸成大错 ………………………………… 8
04　想人所不能想到的,做人所不能做到的 ………………… 10
05　当你感到没有问题时,你就出问题了 …………………… 13
06　龟兔赛跑,输的往往是兔子 ……………………………… 16
07　做到 99% 并不够,要做到 100% ……………………… 19
08　谨慎细致,减少失误带来的损失 ………………………… 22

第二章　工作中你能负起责任吗

01　承担责任是一种快乐 ……………………………………… 26
02　推卸责任会导致工作上的失败 …………………………… 28
03　证明你的责任心 …………………………………………… 31
04　不为薪水而工作 …………………………………………… 34
05　学习比收入更重要 ………………………………………… 37
06　每一次失败都会增加下一次成功的机会 ………………… 40
07　苦藤上结的瓜才甜 ………………………………………… 43

第三章　有些事不必老板交代

01　老板永远是对的 …… 50
02　懂得欣赏自己的老板 …… 52
03　赢得老板的器重 …… 56
04　对你的老板不仅是服从,还要会管理 …… 60
05　改变看法和做法而不是改变原则 …… 62
06　利用挨骂的机会给老板留下好印象 …… 65
07　给爱挑毛病的老板留个“破绽” …… 68
08　努力工作而不是疯狂工作 …… 71
09　主动承担职责之外的工作 …… 74

第四章　不成功是因为你做得不到位

01　绝对没有借口 …… 80
02　不要忙于证明自己的清白 …… 82
03　嫁祸他人是愚蠢的做法 …… 85
04　恐惧本身是唯一值得恐惧的 …… 88
05　用简单的方式处理复杂的工作 …… 91
06　不顾后果,就没有结果 …… 96
07　不是不能沟通,而是不会沟通 …… 100
08　结果比过程更重要 …… 103
09　就是完成了工作,也不要闲下来 …… 107
10　问问自己是否竭尽全力 …… 109

第五章　找对方向做对事

01　做正确的事比正确地做事更重要 …… 114
02　目标正确比做事正确更重要 …… 117
03　当面前摆有两条路时,你要选择第三条 …… 121
04　做错了比没有做要好 100 倍 …… 125

05　现在不做相当于永远不做 …… 128
06　如果障碍难以逾越,就改变行进的路径 …… 131
07　办法,要想才会有 …… 133
08　识时务者知进退 …… 136
09　退步是为了向前 …… 140
10　忠诚胜于能力 …… 143

第六章　给自己明确的定位,工作效率会更高

01　平凡岗位出人才 …… 148
02　全才不如专才 …… 150
03　高知名度不等于是“一流” …… 153
04　你的优点有时却是你的劣势 …… 155
05　不在于时间的长短,而在于动作的快慢 …… 158
06　没有小用的“大材”,只有不顶用的庸才 …… 162
07　单位提前,自我退后 …… 165

第七章　办公室里无小事

01　别把私人情绪带到办公室 …… 170
02　不要说“我得去工作了” …… 173
03　公事私事要分清 …… 176
04　他人隐私不打听 …… 178
05　言谈莫论人 …… 181
06　诱惑面前三思而行 …… 184
07　不要因为爱情而辞职 …… 187
08　保持神秘 …… 190
09　不学礼无以工作 …… 192
10　与同事相处要有道 …… 196

第一章

为什么说工作中无小事

天下大事，必做于细；天下难事，必成于易。把简单的事做好就是不简单，把每一件平凡的事做好就是不平凡。工作中从来没有小事，关键在于态度，以认真的态度做好工作中的每一件事，认真对待每一个细节，才能在平凡的岗位上做出不平凡的业绩。

01　小的细节往往决定大的结果

20 世纪中期，世界上最著名的现代建筑大师之一密斯·凡德罗在描述他成功的秘诀时，只说了 5 个字：成功在细节。现实生活中有很多人因为某些小小的不经意，错失了成功的机会。而那些重视细节，并能抓住细节的人，却获得了意想不到的成功。

作为一位世界闻名的建筑设计师，格鲁克在著名的圣安东尼奥宾馆的建筑设计中，对宾馆里里外外每条水流的流向、水流的大小、弯曲程度都有精确的规划，对每块石头的重量、体积的选择以及石头的形状与所放之处是否相适应等都有周详的安排，对宾馆中不同类型鲜花的数量、摆放位置，鲜花的颜色要随季节、天气的变化适时调整等都有明确的说明，可谓用心良苦、独具匠心。

然而，在建筑施工的时候，由于格鲁克没有当场监督，工人们对这些细节毫不在乎，他们根本没有意识到正是这些细节方能体现出建筑大师的独到之处。

他们随意"创新"，改变水流的线路和大小，搬运石头时不分轻重，在不经意中调整了石头的重量甚至形状，石头的摆放位置也比较随意。

当看到自己的精心设计被演化成这个样子，格鲁克痛心疾首。圣安东尼奥宾馆建筑的失败不能归咎于格鲁克，而应归于落实中对细节的忽视。

正如密斯所言："细节的准确、生动，可以成就一件伟大的作品，细节的疏忽也可打败一个宏伟的规划。"可见，细节的作用是巨大的。

许多时候，我们觉得没有多大联系的一些细节却往往决定着整个事件的成败。

本田汽车公司董事长福井威夫曾说："本田汽车最为艰巨的工作，不

是汽车的研发和技术的创新，而是生产流程中技术工人对一根绳索不高不矮、不偏不倚、没有任何偏差的摆放和操作。”

国内一家大型乳品企业老总谈起他们在某市的推广活动时也曾说：“我们的推广非常注重实效，不说别的，每天在全市穿行的100辆崭新的送奶车，醒目的品牌标志和统一的车型颜色，本身就是流动的广告，而且我要求，即使没有送奶任务也要在街上开着转，这是极好的宣传方式，销售量一下子就提上来了。”

可是慢慢地，这个城市里原来很多喝这个牌子牛奶的人，后来坚决不喝了。原来，这些送奶车在被使用了一段时间之后，由于忽略了维护清洗，车身上满是污泥，甚至有些车厢已经明显破损，仍然每天在大街上招摇过市。人们受到这种不良的视觉刺激，自然不会再去购买这个品牌的奶了。对送奶车卫生这一细节问题的忽视，导致了整个营销计划的失败。

企业的经营成败，就是细节的成败。细节体现品位，细节彰显差异，细节决定着结果。所以，我们必须学会观察细节，不能忽视一些你认为不重要的事，事物都是有联系的，而你的成败，往往就由这些毫不起眼的事情决定。

日本家乐外贸公司的一位小姐专门负责与公司有业务往来的客商的接待工作。其中与她们公司有重大业务往来的是一家瑞士公司。为了清楚地了解两家公司的合作项目,瑞士公司的总代理需要经常往来于东京和他们的投资地神户,而订购车票也就理所当然地成为这位小姐的工作内容之一。但令那位瑞士总代理奇怪的是:他坐车去神户时,他的座位总是在右边,而当他返回东京时,座位却都在左边,而且每一次都是这样。

一次,他终于忍不住问了接待小姐。小姐微笑着对他说:"我想外国的客人来到日本肯定都喜欢见到富士山那雄浑伟岸的身姿,所以我就给您做了这样的安排。这样您便可以在任何时候都能见到富士山了。"

瑞士总代理听到这样的话备受感动,他认为这家日本公司的员工能够细致入微的连这样的小事都能够想到,与他们合作自然是毫无差错了。于是他决定,给这家公司增加300万元的贸易额。

一个员工在工作中认真细致,在细节上下大力气,也许就能得到别人意想不到的结果,在工作中就能轻松获胜。

"海不择细流,故能成其大;山不拒细壤,方能成其高。"说的是细小事物的巨大力量,但许多员工却不明白这个道理,他们很少关注小事和事情的细节。对于一个想要出类拔萃的员工来说,确实不可小觑任何一个细节。

细节能带来成功,同时也能导致失败。细节就好比是精密仪器上的一个细微的零部件,虽然只是一个细小的组成部分,但是却起着重要的作用,一旦这个"零部件"出错,那就意味着全盘皆输。

2003年2月1日,美国"哥伦比亚"号航天飞机在返回地面的途中,着陆前意外发生爆炸,飞机上的7名宇航员全部遇难,全世界为之震惊。美国宇航局负责航天飞机计划的官员罗恩·迪特莫尔引咎辞职。

事后经调查得知,造成这一灾难的"凶手"竟是一块脱落的隔热瓦。"哥伦比亚"号表面覆盖着2万余块隔热瓦,能抵御3 000摄氏度的高温,以免航天飞机返回大气层时外壳被高温所融化。1月16日,"哥伦比亚"号升空80秒后,一块从燃料箱上脱落的碎片击中了飞机左翼前部的隔热系统,宇航局的高速照相机记录了这一过程。

众所周知,航天飞机的整体性能等很多技术标准都是世界一流的,但就因为一块小小的脱落的隔热瓦就毁灭了价值连城的航天飞机,还有无法用价值衡量的7条宝贵的生命。

细节是一种创造，是一种修养，更是一种企业实力的体现。对于一个企业来说，细节里隐藏着机会，细节中凝聚着效率，细节上体现了利益，细节决定着企业的成败。

成功有时候很简单，它往往就在一瞬间，而需要的只是你对细节的关注。

02 重视每一件小事

小鹰对老鹰说："妈妈，总有一天，我要做一件令世人惊讶的事。"

"什么事？"

"飞遍全球，发现前人未发现的东西。"

"这太好了！不过你必须学习和掌握各种飞行技术，这些技术能让你飞得更远、更久。"

小鹰苦练飞行技术，专心致志，其余的事一概不闻不问。

几天过后，老鹰对小鹰说："咱们一起觅食吧！"

小鹰不耐烦地说："妈妈，您去吧，我没有工夫干这种没有价值的事！"

老鹰吃惊地问："这是什么话？"

"您让我集中精力进行飞行训练，为什么又用这些毫无意义的小事来分我的心呢？"

母亲循循善诱地说："飞行训练应该包括寻找食物，否则，起飞的第一天就要挨饿，第二天就无力升空，第三天就会饿死。"

工作中无小事

看似微不足道的小事，其实却是实现你的凌云之志的入口。从每一件小事做起，多做准备。慎重考虑10件小事，或许只有一件能派上用场，但如果不去想其他9件，它们也有可能成为你成功路上的障碍。

对于很多人来说，工作中常常有许多简单、繁琐的小事。大量的工作也都是这些繁琐的小事的重复。面对这些小事，有的人会显得不屑一顾，他们会说："这些事人人都会做，也人人都能做！"

做好一件小事并不困难，但能够坚持把每件小事都做好却不是一件容易的事。我们每个人所做的工作都是由一件件小事构成的，成功者之所以成功，并非因为他们在做多么伟大的事，而在于他们不因为自己所做的是小事儿有所倦怠。

把每一件简单的事做好就是不简单，把每一件平凡的事做好就是不平凡。伟大的成就来自小事的积累，一切的成功者都是从小事做起，无数的小事就能改变生活。

加藤信三是日本狮王牙刷公司的一名普通员工。有一次，加藤为了赶去上班，刷牙时急急忙忙，没想到把牙龈刷出了血。到公司之后，加藤和几个要好的伙伴提及此事，并相约一同设法解决刷牙容易伤及牙龈的问题。

他们想了不少解决刷牙造成牙龈出血的办法，如把牙刷毛改为柔软的狸毛；刷牙前先用热水把牙刷泡软；多用些牙膏；放慢刷牙速度等，但效果均不太理想。后来他们进一步仔细检查牙刷毛，在放大镜底下，发现牙刷毛顶端并不是尖的，而是四方形的。“把它改成圆形的，伤及牙龈的棱角不就解决了吗！”于是，他们开始着手改进牙刷毛的形状。

经过实验取得成效后，加藤正式向公司提出了改变牙刷毛形状的建议。公司领导亲自体验之后，觉得这是一个极好的建议，就欣然把全部牙刷毛的顶端改成了圆形。

改进后的狮王牌牙刷在广告媒介的作用下，销路极好，销量直线上升，最后占据了全国同类产品40%的销售市场。加藤也由普通职员晋升为了科长。十几年后，加滕凭借着“在小事中找机会”这一最突出的个人优点，晋升为了狮毛牙刷公司董事长。

对待小事的处理方式通常也反映出一个人工作的态度，是积极面对，脚踏实地，无论什么工作都尽心尽力完成？还是整日空想成功，却不愿从身边的小事做起？这两种截然不同的态度，就是成功者与失败者的区别。

要想获得成功，就必须从小事开始并坚持下来，凭着坚韧的品质，打好基础。小的事情往往能成为大事情的基础，所以只有持之以恒，用一种坚忍不拔的态度把小事情做好，才能成就一番大事业。

工作中，没有任何一件小事，小到可以被抛弃；没有任何一个细节，细到可以被忽略。一个人只有把将小事做细培养成一种习惯，才能练就用细节功夫衍变出来的绝招，才能以精湛的专业技能赢取成功。

点滴的小事之中蕴藏着丰富的机遇，不要因为它仅仅是一件小事而不去做。要知道，所有的成功都是在点滴之上积累起来的。

03　不因一点疏忽而铸成大错

古往今来，疏忽往往是人们从不会注意的问题，正因为如此，才会经常出现因疏忽而犯下的错误，从而引起不必要的麻烦，甚至造成严重的后果。

南美的一只蝴蝶偶尔扇动几下翅膀，北美的得克萨斯州几天后就会引起一扬龙卷风。人在职场中更要格外注意，因为自己的一个不小心、不专心，很可能导致出现大的错误，很可能导致一个组织机构的迅速衰亡。

“环大西洋”号海轮隶属巴西海顺远洋运输公司。这是一条性能非常先进的船，但出乎所有人意料的是：它在一次海难中沉没，21 名船员全部遇难。救援船到达出事地点时，海面上只有一个救生电台在有节奏地发着求救的摩氏码，救援人员望着平静的海面，谁也想不明白，在这个海况极好的地方到底发生了什么，导致这条最先进的船沉没。

这时，有人发现电台下面绑着一个密封瓶，瓶里有一张纸条，用21 种笔迹记载着从水手、大副、二副、管轮、电工、厨师、医生到船长等 21 人的留言：有的写的是私自出去买了一个台灯；有的写着发现消防探头误报警就拆掉了但没有及时更校；有的写的是发现救生阀施放器有问题就把救生阀绑了起来；有的写着例行检查不到位；还有的写的是值班时跑进了餐厅……

纸条的最后是船长麦凯姆写的话：发现火灾时，一切糟糕透了。我们没有办法控制火情，而且火越来越大，直到整条船上都是火。我们每个人都犯了一点点错误，但却酿成了船毁人亡的大错。

看完这张纸条，救援人员谁也没说话，海面上死一般的寂静，大家仿佛清晰地看到了整个事故的过程。

“环大西洋”号沉没已久，却给我们留下了太多的启示。表面上看起来是航海过程中的正常失误，却深刻地警示着人们——本可以避免的隐患，却因为大家的疏忽而导致了不可挽回的损失。虽然表面上看似是偶然因素在起作用，但实际上，还是我们在事前的准备不够充分，特别是一些环节复杂、工作量大的项目上，很多细小的地方还存在着隐患。解决问题的关键是要在平时清扫死角，消除不安隐患，降低事故概率。

我们每个人都会有疏忽的时候，这就需要我们平时要多注意细节，“细节决定成败”，只有在细节中才能发现问题。比如，战场上，任何一个细微的错误，任何一个疏忽都有可能导致流血牺牲，甚至整个战局的改变。

职场箴言

要避免疏忽，就需要我们不断地去观察，去体味，只有这样，我们才能做得更好。

04　想人所不能想到的，做人所不能做到的

成功者之所以能取得成就，就在于他们能想别人所不能想到的，做别人所不能做到的。以小事为突破口，在细节处下工夫，在别人没有注意到的地方做足了文章，你就能在竞争中处于优势的地位。

上司交代两位秘书同时去买车票，一位将车票买来，就那么一大把地

交上去，杂乱无章，而且易丢失，不易查清时刻；另一位却将车票装进一个大信封，并且，在信封上写明列车车次、座位号及启程、到达时刻。可见，

后一位秘书是个细心人，虽然她只是注意了几个细节处，只在信封上写上几个字，却使人省事不少。因此，她受老板青睐也是理所应当。

在工作中认真细致，在细节上下大力气，想别人没想到的，做别人没做到的，也许你就能做出别人意想不到的事情，在职场中你便能轻松获胜。

创新是一个永远不老的话题，创新，就是做别人想不到的事。一个小小的改变，往往会引起意料不到的效果。在细节中创新，就要敏锐地发现人们没有注意到或未重视的某个领域中的空白、冷门或薄弱环节，改变思维定势，最终将你带入一个全新的境界。

廖基程就是一个在细节中求创新的人。廖基程在工厂劳动时经常看到，由于大部分零件的精密度都非常高，为了防止零件生锈，工人们都必须戴手套进行操作，而且手套必须套得很紧，手指头才能灵活自如，但是这样一来，戴上、脱下相当麻烦不说，手套还很容易被弄坏。

为此，他常想，难道只能戴这样的手套吗？能不能改进一下？

有一天，他在帮妹妹制作纸张手工艺品时，手指上沾满了糨糊。糨糊快干的时候，变成了一层透明的薄膜，紧紧地裹在手指头上，他当时就想："真像个指头套，要是厂里的橡皮手套也这样方便就好了！"

过了不久，有一天清早醒来，他躺在床上，眼睛呆呆地望着天花板，头脑里突然想到：可以设法制成糨糊一样的液体，手往这种液体里一放，一双又柔又软的手套便戴好了，不需要时，手往另一种液体里一浸，手套便消失了，这不比橡皮手套方便多了吗？

他将自己的这一大胆想法向公司做了汇报，公司领导非常重视，马上成立了一个研究小组，把廖基程也从生产车间调到了这个研究小组。经过大家反复研究，终于发明了一种"液体手套"。使用这种手套只需将手浸入一种化学药液中，手就被一层透明的薄膜罩住，像真的戴上了一双手套，而且非常柔软舒适，还有弹性。不需要时，把手放进水里一泡，手套便"冰消瓦解"了。廖基程在细节中求创新的行为终于得到了应有的回报。

想别人没想到的，做别人没做到的，就要求你特别注意生活中的细节问题。也许某个不经意的举动，他人不经意的一句话，就可以使你灵光一现,你便会有所突破并进而改变了你的命运。

在工作中,许多员工抱着坚守岗位的态度,一切因循守旧,缺少创新精神。认为创新是老板的事,与己无关,自己只要把分内的工作做妥即可,除此无他。

员工的发展得益于积极进取、与时俱进的创新精神,老板总是青睐具有创新能力的员工,而那些不懂创新、死守一隅的员工,是不可能获得更多发展机会的。

纵观事业上取得成功的员工,他们一般都不是从常规去考虑问题,而是从创新的角度去思考各种问题的解决办法。

有这样一个大家耳熟能详的故事:

两个推销员去非洲推销皮鞋,由于天气炎热,非洲人向来都赤着脚,第一个推销员看到此景立刻失望起来,并即刻打道回府。而另一个推销员却惊喜万分:"这些人没有鞋穿,一定大有市场啊!"于是他想方设法,引导非洲人购买皮鞋,结果发了大财成功归来。

同样的时间,同样的地点,同样的消费人群,一个人因循守旧,不战而败;另一个人敢于创新,大获全胜,这就是创新与守旧的天壤之别。

想别人没想到的,做别人没做到的,这种创造性的眼光,可以使员工在工作中不断学习,积极进取,接受其他领域中的优秀思想。当你尝试用不同的角度看事物时,创新的智慧常会让你得出独到的见解,再加上进一步的整理和分析,必然令老板大为信服。

职场箴言

作为一名员工,当你把正确的创新意识注入自己的工作中时,想别人所不能想到的,做别人所未能做到的,你就能极大程度的提高工作能力,享受到别人享受不到的成功带来的喜悦。

05 当你感到没有问题时,你就出问题了

世界上一切东西都是辩证的,困难与问题固然给我们带来很多烦恼和痛苦,但是,遭遇困难和问题,不仅是人生的必然,而且,它们对我们的成长、发展、创造,都有积极意义。不要力图“没有问题”,因为,当你感到没有问题时,可能恰恰是你出问题的时候。

在餐厅的角落里,有一个企业家独自一个人喝着闷酒。一位热心人走上前去,问道:“您一定有什么困难,不妨说出来,我帮帮您吧!”

企业家看了他一眼,冷冷地说:“我的问题太多了,没有人能帮助我。”

这位热心人立刻掏出名片,要企业家明天到他的办公室去一趟。

第二天,企业家依约前往。这位热心人说:“走,我带你去一个地方。”企业家不清楚他究竟要做些什么。

热心人用车子把企业家带到荒郊野外，两人下了车，热心人指着前面的坟场对企业家说："你看看吧，只有这里的人才统统是没有问题的。"

企业家恍然大悟。

请记住这样一句话：只要有问题，就有存活的希望，只有敢于正视问题，解决问题，才可以前进。

不要力图"没有问题"，因为，最大的问题可能恰恰是"没有问题"。"人人都想真理站到自己这边来，就是不想自己站到真理那边去。"

有一位大学毕业生，在学校时的成绩非常优秀，毕业后到一家大型企业去应聘。人事部对他的资料和面试表现十分满意，当即打电话叫财务经理对他进行面试，他在财务经理面前的表现同样十分出色，于是，立即被正式录用了，分配到财务部工作。由于部门里只有他一个名牌大学生，大家对他很尊敬，但他却因此产生了骄傲情绪，任何时候都是"我很能干、没有问题"的派头。财务经理提醒了他几次，他却表现出一副满不在乎的样子。

不久，财务经理交给他一份工作，让他凭证录入原材料明细账。这个工作很简单，就是将数字转抄一下而已，他仅用了两天就将 1 500 张凭证抄完了。但他很不满意，认为财务经理是大材小用了，言语之间颇有埋怨的意思。但是，到第二周核对总账时，他竟惊奇地发现自己对不上账。他反复核查了多遍，就是与总账对不上。于是，他自信地找到财务经理，用极其肯定的语气告诉财务经理自己没有错，应该是总账错了。财务经理要他再仔细检查一遍自己的账目，但他却说："这么简单的工作，我绝对没有问题。"

于是，财务经理亲自来复核。结果不到 10 分钟就查出了一笔错误：他在一个数字后面多加了个"0"，这一来，二者之间相差近 10 倍！财务经理没有给他机会，而是征求人事部同意，将他辞退了。临行时，财务经理与他谈了一次心："小伙子，你是聪明反被聪明误。你是名牌大学毕业，有点傲气,这可以理解。希望你从此不要盲目地说‘没有问题’,凡事多想想自己有什么做得不好或不够!”

因为一个小小的数字错误,就将一份好好的工作丢失了。表面上看起来好像有点冤,但实际上一点都不冤。在这个越来越讲究职业操守的时代,以这种“没有问题”来敷衍工作的人,只会越来越不受到欢迎。许多大的失败,往往是由于“没有问题”造成的,有时甚至会为此付出高昂的代价。

拿破仑说:“最危险的瞬间往往发生在成功的瞬间。”每个大的失败,前面总有一个几乎同样大小的成功。无数事实证明:成功很容易让人失去理智,从而造出巨大的危机。

日本八佰伴公司的负责人和田一夫在半个世纪中将一家乡下蔬菜店建设成为在全世界拥有400家百货店和超市、年销售额突破5 000亿日元的国际流通集团,旗下多家公司的股票在日本、新加坡、香港、马来西亚上市,引起全世界的关注,被称为“世界的和田”。

1990年,和田一夫将八佰伴集团总部移到香港,后又移到上海。企业的快速发展,使他盲目地骄傲和自信,做出不谨慎地判断,盲目扩张。1997年,八佰伴集团的核心公司——日本八佰伴公司出现经营危机,负债1 600亿日元,公司不得不宣布破产。和田一夫一贫如洗,不得不租屋而居。

1998年,年过70的和田一夫设立了一家经营顾问公司,决心将自己的经营教训传授给年轻的经营者们。他谈得最深的一个教训就是:“我在经营企业时一旦遇到困难,往往会做各种各样的努力去克服,但在事业成功时却会骄傲自满,造成判断失误。因此看来,事业取得最大成功时风险也最大。失败是人生的财富,成功是最大的危机。”

生活中有许多人因为过于盲目自信而栽了跟头,他们总是被胜利冲昏了头脑,因为此时他们的脑袋中,只有一句话——“没有问题!”

我们不能祈求在自己成功或辉煌之后就没有问题，更不能祈求生活中没有问题！人生就是一个不断遭遇问题、发现问题、正视问题和解决问题的过程。我们更不要害怕问题，不要害怕困难，因为，遭遇问题和困难是成长的契机。

我们所需要做的，就是提升自己洞悉问题和解决问题的水平。在这样的基础上，才有可能去打造我们的自信。

06　龟兔赛跑，输的往往是兔子

兔子跑得飞快，乌龟则是兔子所戏称的“全世界跑得最慢的动物。”

有一天，兔子碰见乌龟，笑眯眯地说：“乌龟，咱们来赛跑，好吗？”乌龟知道兔子在开它玩笑，瞪着一双小眼睛，不理也不睬。兔子知道乌龟不敢跟它赛跑，乐得摇着耳朵直蹦，还编了一支山歌笑话他：“乌龟乌龟爬爬，一早出门采花；乌龟乌龟走走，傍晚还在门口。”

乌龟生气了，说：“兔子，你别那么神气，咱们就来赛跑。”

“什么，什么？乌龟，你说什么？”

“咱们现在就开始比赛跑步。”

兔子一听，差点笑破了肚子：“乌龟，你真敢跟我赛跑？那好，咱们从这儿跑起，看谁先跑到山脚下的那棵大树下。预备！一、二、三……”

兔子撒开腿就跑，跑得真快，一会儿就跑得很远了。他回头一看，乌龟才爬了一小段路，心想：乌龟敢跟我赛跑，真是天大的笑话！我呀，先在这儿睡上一大觉，让它爬到这儿，不，让它爬到前面去吧，我三蹦二跳的就追上了。“啦啦啦，啦啦啦，胜利准是我的嘛！”兔子把身子往地上一歪，合上眼皮，不一会就睡着了。

再说乌龟，爬得也真慢，可是它一个劲儿地爬，爬呀，爬呀，爬，等它爬到兔子身边，已经累坏了。兔子还在睡觉，乌龟也想休息一会儿，可它知道兔子跑得比它快，只有坚持爬下去才有可能赢。于是，它不停地往前爬、爬、爬。离大树越来越近了，只差几十步了，十几步了，几步了……终于到了。

兔子呢？它还在睡觉呢！兔子醒来后往后一看，唉，乌龟怎么不见了？再往前一看，哎呀，不得了了！乌龟已经爬到大树底下了。这下兔子急了，急忙赶上去，可是已经晚了，乌龟胜利了。

这则龟兔赛跑的故事我们再熟悉不过了，不知我们是否思考过这样一个问题：为什么跑得慢的乌龟在这次比赛中反而赢了呢？

乌龟和兔子就智力而言，是自然界最有代表性的两种动物，在一般人眼里，乌龟蠢笨无比，兔子聪明无比，人人都想做聪明的兔子，谁也不想被人比作呆笨的乌龟。但是，有时候，“龟兔赛跑，输的很有可能是兔子。”

三国时期，蜀建兴五年(227年)冬天，诸葛亮带领大军北上伐魏。

诸葛亮率军到了祁山，决定派出一支人马据守街亭(今甘肃庄浪东南)作为据点。参军马谡主动请命，求诸葛亮派他前去街亭。

马谡读了不少兵书，平时也很喜欢谈论军事。诸葛亮也经常向他请教一些兵法战术，虽然对他有些不放心，但还是同意了。于是，诸葛亮派马谡当先锋，王平做副将，据守街亭。

马谡和王平带领人马到了街亭，他看了地形，对王平说："这一带地形险要，街亭旁边有座山，正好在山上扎营，布置埋伏。"

王平提醒他说："丞相临走的时候嘱咐过要坚守城池，稳扎营垒。在山上扎营太冒险。"

没有实战经验的马谡自以为熟读兵书，根本不听王平的劝告，坚持要在山上扎营。王平一再劝说马谡也没有用，只好央求马谡拨给他一千人马，在山下临近的地方驻扎。

魏将张郃率领魏军赶到街亭，看到马谡放弃现成的城池不守，却把人马驻扎在山上，暗暗高兴，马上吩咐手下将士，在山下筑好营垒，把马谡扎营的那座山围困起来。

马谡几次命令兵士冲下山去，但是由于张郃坚守营垒，蜀军没法攻破，反而被魏军乱箭射死了不少人。

魏军切断了山上的水源。蜀军在山上断了水，连饭都做不成，时间一长自己先乱了起来。张郃看准时机，发起总攻。蜀军兵士纷纷逃散，马谡要拦也拦不了，最后，只好自己杀出重围，往西逃跑。

王平带领一千人马，稳守营盘。他得知马谡兵败，就叫兵士拼命打鼓，装出进攻的样子，张郃怀疑蜀军有埋伏，不敢逼近他们。王平整理好队伍，不慌不忙地向后退，不但一千人马一个也没损失，还收容了不少马谡手下的散兵。

街亭失守，蜀军失去重要据点，又丧失了不少人马。诸葛亮为了避免遭受巨大损失，不得不把人马全部撤退。经过详细查问，知道街亭失守完全是由于马谡违反了他的作战部署，马谡也承认了他的过错。诸葛亮按照军法，把马谡下了监狱，定了死罪。

自觉聪明是一种自信，自觉聪明但能相信别人更聪明是一种智慧。有自信却没智慧，就会变成“从林中迷路的兔子”。

成功有时要靠机运，人生中机运时好时坏，如同路上的红绿灯一样，不要“靠着一时的机运庇佑，而要靠着永久的智慧存活”。你可不要像兔子，聪明反被聪明误。

在职场中，更不要作“聪明的兔子”。而聪明的部署总会想方设法掩饰自己的实力，以假装的愚笨来反衬领导的高明，力图以此获得领导的青睐与赏识。处理上司交代的事，如果你做得过于圆满而让领导挑不出一点毛病的话，上司就会感到有“功高盖主”的危险。

职场箴言

千万要记住“枪打出头鸟”的道理。要学会用乌龟的方式完成职场定律。而不要做兔子，落得个马谡式的结果，聪明反被聪明误，反而葬送了自己的大好前程。

07 做到99%并不够，要做到100%

任何事情只有做到100%才是合格，做到了99%也是不合格。你的老板、你的客户肯定会对你提出这样的要求，他们希望你能够做出100%优质的工作。不管你做的是什么工作，请对你的工作负责，认认真真，把工作做到最好，不要只做到99%，那样你是永远不会在公司里有大发展的。

2003年，美国“哥伦比亚”号航天飞机即将返回地面时，在美国得克萨斯州中部地区上空解体，机上6名美国宇航员以及首位进入太空的以色列宇航员拉蒙全部遇难。如果能够在航天飞机出发前准备得更充分一些，或许就能避免这场灾难，至少也可以减少事故带来的惨痛损失。

扩大到整个世界来看，99%的工作的质量意味着什么？它意味着每个月供应10个小时不安全的饮用水，每天在当地国际机场有两次不安全的着陆，每个小时丢失160 000封信件，每年有200 000份开错的处方，每周500次不成功的外科手术，每天有500个新生婴儿被遗弃、每个小时有2 200 000份支票从错误的账户里扣了钱，每年你的心脏停止跳动32 000次！

看到这些数据，你应该明白，100%的完成工作有多么重要了吧？如果你做的每件事都能达到100%，你的生活和整个世界都将会变得非常美好。

英国有一家规模不大的公司，极少开除员工。有一天，资深车工卡特在切割台上工作了一会儿，就把切割刀前的防护挡板卸下放在一旁。没有防护挡板，虽然埋下了安全隐患，但收取加工零件会更方便、更快捷。

这样卡特就可以赶在中午休息之前完成三分之二的工作了。巧的是，卡特的这一举动被主管怀特逮了个正着。怀特大怒，令他立即装上防护板，并声称卡特一整天的工作白废。

第二天一上班，卡特就被通知去见老板。老板说："你是老员工，应该比任何人都明白安全对于公司到底有多重要。你今天少完成了零件，少实现了利润，公司可以在别的时间把它们补上；可你一旦发生事故、失去健康乃至生命，那将不只是公司的损失……”

离开公司时，卡特流泪了——他在这里工作的几年时间里，有过风光，也有过不尽如人意的地方，但公司从来没对他说过“不”字。可这一次，他碰到的是触及公司灵魂的东西，他不得不离开公司，

在实际工作中，管理者必须高度警觉那些看起来是个别的、轻微的、但触犯到公司核心价值的“小的过错”，并坚持严格依法管理。

公司的产品或服务质量以及生产安全等存在的问题，不仅关系到公司的利益，而且与消费者以及生产者本人都会产生密切地联系。产品或服务的质量关系到消费者的人身和财产安全，而这些又与公司的生存发展息息相关。生产安全理所当然与生产者自身的安全紧密联系。因此，当你疏忽大意的时候，别忘了你的工作不仅关系到你本人的利益还关系到公司、他人、社会的利益。

一个人成功与否，不在于他得到什么，而在于他是不是做什么事情都力求最好。成功者无论从事什么工作都不会轻率疏忽。因此，在工作中你应该以最高的规格要求自己，能完成100%，就绝不只做到99%。

职场箴言

只要你动用自己的全部智能，把工作做得比别人更完美、更快速、更准确，你就能引起他人的关注，实现心中的梦想。

08　谨慎细致，减少失误带来的损失

不少初涉职场的人难免会为了追求效率而疏忽大意。他们往往将工作效率当做体现个人能力最重要的一个方面，以为工作效率和能力之间能画等号。实际上，这种想法只是一种理想化的逻辑。因为个人过分追求效率，难免会造成工作上的疏忽大意。工作过程是由一个一个细微的环节串联而成的，每一个环节都以上一个环节为基础，任何一个环节上出现了一点小小的错误都可能需要进行大量的返工，以前做过的很多努力可能都将前功尽弃。这样算下来，整体的工作效率不是提高了，而是降低了。工作完成后先不要以为万事大吉了，其实你还忽略了工作中最重要

的程序——检查。例如，作为一个会计，在填完表格的时候，你应该细细地核对一下数字，做到谨慎细致。数字虽然简单，却是最容易犯错误的地方，也是最容易酿成恶果的地方。

当自己完成某一项工作的时候，可能会对自己的智慧和杰作沾沾自喜，并认为其完美无缺。但这样的态度是万万不可取的，我们千万不能沉溺于“孤芳自赏”中。当我们没能发现自己的错处时，可以虚心地向上司或者同事请教，他们可能因为经验丰富，也可能因为身处这项工作之外，而对你的工作有更清醒的认识。他们能更敏锐地发现你工作中的问题。不要因为担心别人发现自己的问题而羞于启齿，这样总比问题恶化带来的后果要好得多。实际上，虚心求教还能带来业务水平上的提高和人际关系上的和谐。

在工作中，我们应谨慎一些，细致一些，以减少失误带来的损失。有些人在出现失误后，可能很快就意识到了。但他们通常只是意识到这个错误，而对这个失误可能带来的严重后果没有做更深地思考，或者还存在侥幸心理。这时，你应该及时向上级报告，不要因为害怕受到批评而将其掩盖起来，因为最可怕的后果发生时，你可能就无法承担这个责任了。理性的人即便是不能做出最优的选择，也应当避免最坏的结果。

职场箴言

工作中不能因小失大，细小的失误可能带来严重的后果。当你略有疏忽的时候，应该多想想你的工作关系到全局利益，这种责任感会让你谨慎细致起来。

第二章

工作中你能负起责任吗

负责任意味尽自己最大的努力把工作做好；负责任意味着愿意为自己的所做所为负责。当你负责任时，你会信守承诺，不会拖延工作；当工作出差错时，你会做出合理的解释，但不寻找借口。负责是成熟的标志，是成功的基础。

01 承担责任是一种快乐

责任直接决定一个人的工作绩效和生活质量。工作就意味着责任，每一个职位所规定的工作内容就是一份责任。其实，每个人都希望自己对于公司而言是不可或缺、不可替代的。只有当我们自己为公司承担责任时，才会意识到自己在公司中是重要的，才会真正感觉到自己在公司中是有位置的。

可以说，快乐地承担工作责任是一种境界。但是，我们很多人却并不这么认为，也不是所有的人都认为承担责任是一种快乐。

约翰是一家公司的人力资源部经理，工作任务繁重，几乎每天都加班。但是他从未觉得累，也从不抱怨自己的工作任务过重。因为他一直认为工作是一件快乐的事，并且追求快乐的每一天。每天的工作结束后，他都会在日记本上写到："今天的工作很开心，又收获到了很多的东西，明天继续努力，还会有更大的收获。"

如果我们也能够像约翰一样对所做的工作感觉到快乐，并且为自己肩上的责任感到幸福，那么我们也就真正体会到工作和承担责任带给我们的乐趣。其实，这也是工作达到的最高境界。

我们每一个人都在为所在的公司承担着不同的责任。如果我们在承担责任时，能够意识到这是对我们自身能力的肯定，并且努力去为公司做出巨大的贡献，那么我们也为自己赢得了成功的机会。我们在工作中就会拥有一种成就感和自豪感，以及对我们自身的认同感。当一个人对工作充满责任感，就能从中得到更多的知识，积累更多的经验，就能从全身心投入工作的过程中找到快乐。

一个承担责任的员工，会将工作当成一种荣誉，充满热情。对工作越有责任心，投入的热情越多，成功的决心就越大，工作效率也会越高。这时，工作对于他来说就不再是单纯的谋生手段，也不是一种苦役，工作就会变成一种乐趣。因此，我们无论从事任何工作，承担多大责任，当我们把承担责任当成一种幸福和快乐时，我们不仅会更好地承担责任，也会由被动承担转为主动承担。

迈克尔·乔丹被认为是篮球场上无敌的"飞人"，年薪上千万美元；白发斑斑的美国 Viacom 公司董事长萨默·莱德神采奕奕，永远年轻，他所领导的公司在美国拥有很大的名气；事业有成的比尔·盖茨仍潜心凝神地工作，决意把微软的产品卖到全球每一个地方……

他们的身份虽不相同，但是他们的态度却有着惊人的相似：认真地对待工作，百分之百地投入工作，主动承担着自身的责任，他们借此取得了令人瞩目的成就。工作意味着责任，岗位意味着任务。在这个世界上，没有不需承担责任的工作，也没有不需要完成任务的岗位。工作的底线就是尽职尽责。

在一个公司里，有一些员工往往认为只有那些有权力的人才有责任，而自己只是一名普通的员工，根本没有什么责任可言。有这种想法的员工没明白这样一个事实：没有意识到责任并不等于没有责任。每个员工都要认识到自己承担岗位责任的事实。

我们每个人都拥有一份工作,为了生活或者为了更好地生活,我们有理由让自己快乐。工作对许多人来说都是一件很辛苦的事,如果自己不从中寻找乐趣,那就会一直生活在忧郁之中。

如果快乐能够测量的话,那么大部分的快乐都发生在很短的时间内,而这种现象在多数的情况下都会出现。如果我们用 80/20 的法则来表述,就是一生中有 80% 的欢乐发生在 20% 的时间里,另外 80% 的时间里只有 20% 的快乐,那么,我们为什么不去发现能够给我们带来 80% 快乐和成就的 20% 的时间呢?

把一项原本沉重的工作,想象得轻松一些,你会在一种轻松快乐的情绪下把工作做得更好。所以说,快乐地承担工作责任,能够让人感觉到轻松,并且为自己承担的责任感到幸福。

02 推卸责任会导致工作上的失败

当今时代,最缺少的不是人才,而是具有责任心的人。一个人能否被上级委以重任,除了看其能力大小之外,还有很重要的一点,就是遇到问题的时候,他能否站出来,勇敢地承担责任。

美国总统杜鲁门上任后,在自己的办公桌上摆了个牌子,上面写着“问题到此为止”。意思是说,让自己负起责任来,不要把问题丢给别人。由此可见,负责是一个人不可缺少的精神。仔细观察一下,你会发现,当出现问题、遭到他人责问时,身边有许多人都会把责任推卸给别人,而这样的做法正是导致这些人工作失败的主要原因之一。

有一位著名的企业家说:“职员必须停止把问题推给别人,应该学会运用自己的意志力和责任感着手行动,处理这些问题,让自己真正承担起

自己的责任来。”

一次，某公司开会讨论最近销售业绩不佳的问题。

营销部的员工说：“最近销售做得不好，我们有一定的责任，但是最主要的责任不在我们，竞争对手纷纷推出新产品，比我们的产品好，所以我们很难做，研发部门要认真总结。”

研发部的员工说：“我们最近推出的新产品是少，但是我们也有困难呀！我们的预算本来就很少，现在就连这少得可怜的预算，也被财务部削减了！”

财务部的员工说：“是削减了你们的预算，但是你们要知道，公司的采购成本在上升，我们当然没有多少钱了。”

采购部的员工说：“我们的采购成本是上升了 10%，为什么，你们知道吗？俄罗斯的一个生产铬的矿山爆炸了，这导致了不锈钢价格上升。”营销部、研发部、财务部的员工同时说：“哦，原来如此呀，这样说，我们大家都没有多少责任了!”

总经理最后说:“这样说来,你们都没有责任,难道责任在我这里吗?”

遇到问题找各种各样的理由,把责任推卸给其他部门是典型的不负责任的表现。对一名员工来说,从接受任务的那一刻起,便对这项任务有了义不容辞的责任。而例子中的各部门的员工缺乏的正是这种责任感,遇到问题,只知道推卸,不知反省。

在南方一家煤炭公司工作的冯宁,是一名有30年工龄的普通而又不平凡的员工。从锅炉工到司炉长、班长、大班长,至今他仍然深爱着陪伴他成长的锅炉运行岗位。就是在这个岗位上他当上了锅炉技师,成为远近闻名的“锅炉点火大王”和“锅炉找漏高手”;就是在这个岗位上,他感受到了作为一名工人技师的荣耀和自豪。

冯宁有一副听漏的“神耳”,只要围着锅炉转上一圈,就能从炉内的风声、水声、燃烧声和其他各种声音中,准确地听出锅炉受热面哪个部位的管子有泄漏声;往表盘前一坐就能在各种参数的细微变化中,准确判断出哪个部位有泄漏点。

除了找漏,冯宁还练就了一手锅炉点火、锅炉燃烧调整的绝活,在刚火、压火、配风、启停等多方面,他都有独到见解。锅炉飞灰回燃不畅,他提出技术改造和加强投运管理建议,这一建议实施后,飞灰含碳量平均降低到8%以下,锅炉热效率提高了4%,每年为企业节约32万元;针对锅炉传统运行除灰方式存在的问题,冯宁提出“恒料层”运行方案,经实践,解决了负荷大起大落问题,使标准煤耗下降0.4克/千瓦时,每年节约200多万元。

冯宁学历不高、工种一般、职务也比较低,但他却成为公司上下公认的技术能手和创新能手,薪水也拿得比别人高得多。冯宁刚进入这一公司时,也跟其他工人一样没有什么特别的专业技能。但是他勤于思考,善于动手,遇到问题从不尝试推给工作时间更长、更有经验的工人,而是自己琢磨解决,渐渐地掌握了许多老工人都不懂的技术诀窍,也成了一个解决问题的能手。

世界上的事情常常与我们的想法大不相同：员工向老板承认自己的过失，公司向消费者承认过失，看起来像是一件丢面子的事，实际上不一定如此。即使暂时丢了面子，蒙受了一点经济上的损失，但从长远来看你赢得的是上司的重用和良好的信誉。

职场箴言

不少员工都存在这样一个毛病：喜欢为自己辩护、为自己开脱。而实际上，这种文过饰非的态度会使你离老板的信任越来越远。而作为下级，如果敢于正视自己的过错，勇于承担责任，可能会更加得到领导的赏识与信任。

03 证明你的责任心

托尔斯泰曾说过："一个人若是没有热情，他将一事无成，而热情的基点正是责任心。"所以，具备责任心的人，才具备做事的动力，才能获得成功。

波特在一家颇具规模的公司上班，和公司其他员工相比，上司对他也比较信任。波特试图尽最大努力支持上司。他经常和上司交流一些行之有效的管理方式，并指出公司目前存在的弊端和不足。上司也认可这些管理方式，也知道了公司目前存在的弊端和不足，并让波特想办法帮自己。波特尽其所能整理出一套切实可行的方案，上司也同意，但实际上，公司在这方面并没有有丝毫的改变。

波特非常迷惑，既然上司认可，又为什么不行动呢？

波特的疑惑也是很多职业人普遍遇到的问题。

事实上，在企业中，上司认可了下属的建议，却不按照这个建议来做的情况很多，如果你懂得了其中的奥妙，就不会感到奇怪。职业生涯专家

针对这个问题做了分析认为，好建议上司不接受或即使表面上接受了也不实行，一般来说有下面几个原因：

1. 上司要顾及自己的权威

下属的建议，如果上司轻易接受，就证明了下属比上司强，也就显示不出上司的权威。所以明知道是好的建议，也不实行。但上司不会说你的建议不好，因为他怕打击你的积极性，又怕落下听不进去建议的坏名声。上司不马上行动，也是在等待恰当的时机，而这个时机必须是能够证明他是有能力和权威的。

2. 要从总体上考虑问题

做事的难度大，不是随便发个文件，随便一个人说句话就能做好的一件事情。上司要考虑谁来做这件事，做不好怎么办，做好了怎么办，以及这样做将会产生什么结果。优秀的老板在做事的人选上，一定是要慎重考虑的，做事成败的关键就在用人上。这样做也是迫使下属在提出问题时，做出全面的考虑，提出一个解决问题的整体方案，而不只是问题。提出问题是容易的，而提出解决方案是困难的。

3. 要看关键不关键

有些问题从员工的角度看或许它很严重，非解决不可，可能在上司眼中并不是那样。上司的时间和精力是有限的，他要首先解决他认为最重要的问题，而不是你提出来的问题。毕竟上司的视野更宽阔，对情况更了解，做决定要从多方面去考虑。所以即使认同了你的观点，却没有采取任何行动，这也是正常的。

4. 你是谁的人

这也是决定他是否重视你提出的方案的原因之一。如果你是他的心腹，对于你的方案，他可能要认真考虑。如果你只是边缘人员，即使你提出的是关键问题，在他眼中也可能是危险的方案。他可能觉得你是不务正业，或只是想哗众取宠，而不会想到你是为公司着想。感情上没有接受你，想法上也就不会接受你。

但你不必为此而困惑或痛苦，因为你做了一个下属应该做的，你已经尽到了一个员工该尽的责任，接受不接受是上司的事。不必以此来证明什么，只要证明你的责任心就足够了。

所以，给上司提建议时，不但要摆正心态，还要选择正确的策略。你首先要成为“他的人”，争取到他的支持。然后在私下里，用暗示的方式提出建议，让他觉得舒服，觉得像是他自己想出来的一样。同时要注意，提出的建议应该是一个系统的方案，从问题到解决办法，到解决人选，到风险收益评估，到时间进度。这样一个比较整体的、系统的解决之道，才是上司最喜欢看到的。

职场箴言

最重要的是不要乞求通过这种方式去获得什么。如果你把它看成一种交换就大错特错了，通常情况下，你什么也换不来。你只要当成一份责任，从此证明你的责任心就可以了。

04　不为薪水而工作

做敬业的员工，就要和老板一样积极地工作，以老板的心态对待公司。什么是老板心态？一个员工在这个公司工作，你就是公司老板。其实在任何一家公司工作，每个员工都应该有一种主人翁的心态。这公司是我们的，我要为它的繁荣和发展贡献自己的才智和力量。

以老板的心态对待工作，就会成为一个值得信赖的人、一个老板乐于雇用的人、一个可能成为老板得力助手的人。一个将公司视为己有并尽职责完成工作的人，终将会拥有自己的事业。

然而，在今天这种狂热而高度竞争的经济环境下，你可能感觉到自己的付出与获得的报酬并不成比例，但是，我们要相信大多数老板都是明智的，他们都希望富有才干的员工能够归于自己的门下，他们会根据每个人的努力程度和业绩来给你晋升、加薪的机会。那些在工作中能尽职尽责、坚持不懈的人，终会有获得老板重视的一天。

卡罗·道恩斯原来是一名普通的银行职员，后来受聘于一家汽车公司。工作6个月之后，他想试试是否有提升的机会，于是就直接写信向老板杜兰特毛遂自荐。老板给他的答复是："任命你负责监督新厂机器设备的安装工作，但不保证加薪。"

道恩斯没有受过任何关于工程方面的训练，根本看不懂图纸。但是，他不愿意放弃任何机会。于是，他发挥自己的领导才能，自己花钱找到一些专业技术人员完成了安装工作，并且提前了一个星期，结果，他不仅获得了提升，薪水也增加了10倍。"我知道你看不懂图纸，"老板后来对他说，"如果你随便找一个理由推掉这项工作，我可能会让你走。"

成为千万富翁的道恩斯退休后担任南方政府联盟的顾问，年薪只有象征性的1美元，但是他仍然不遗余力，乐此不疲，因为"不为薪水而工

作”已经成为他工作的一种习惯。

所以，不必惊诧那些职位低下、薪水微薄的人，为什么会提升到显要的位置上，因为他们拿着微薄的薪水的同时，始终没有放弃努力，始终保持一种尽善尽美的工作态度，满怀希望和热情地朝着自己的目标努力，从而获得了丰富的经验，这正是他们晋升的真正原因。

如果我们满怀热情地工作，尽职尽责，不计报酬，那么我们就将自己与那些花费大部分时间关心休息、福利、薪酬的人区分开了。

不要只为薪水而工作，工作固然是为了生计，薪水只是工作的一种补偿方式，虽然是最直接的一种，但也是最短视的。一个人如果只为薪水而工作，没有更高的目标，并不是一种好的人生选择，受害最深的不是别人，而是自己。

日本经营之圣、两家世界500强企业的缔造者稻盛和夫说：“工作所得不单是领到薪水而已。工作可使我们的心灵得到一定程度的满足。事实上，透过工作，我们可以发现人生新的意义。”

我们常常会看到,许多很有作为的人,他们在低微的薪水下工作多年,他们在工作时没有把眼光局限于薪水,他们在积累终身受益的经验,正所谓"不计报酬,报酬更多"。

1901 年,当安得鲁·卡耐基创办的钢铁公司被美国钢铁公司收购时,美国钢铁公司必须履行的合约之一就是给卡耐基公司首席执行官查尔斯·施瓦布支付那个时代闻所未闻、最低 100 万美元的巨额年薪。这个要求,令美国钢铁公司的创办者皮尔庞特·摩根非常为难。那时,记录在案的最高年薪也只是 10 万美元。摩根会见了施瓦布,含糊其辞地征求施瓦布的意见,他怎样才能处理好这件事情。

"这个好办。"施瓦布说着便将合约撕得粉碎。事实上,在此之前,卡耐基支付给施瓦布的年薪是 130 万美元。

"我并不在意他们支付给我多少薪水,"施瓦布在接受《福布斯》杂志采访时告诉记者,"我并不是在金钱的刺激下才干劲十足的,我相信,我所付出的,一定能得到回报。因此,我没有一分钟的犹豫便撕掉了那份薪水合约。我为什么要工作?我是为了在工作中找到满足和乐趣。我知道,在发展中存在着满足,在创造中也存在着满足。不是因为热爱而工作的人,既不可能赚到更多的钱,也不可能找到更多的快乐。"

所以,工作所给我们的,要比我们为它付出的更多,如果我们将工作视为一种积极的学习经验,那么每一项工作中都包含着许多人生成长的锻炼机会。

不要只为薪水而工作,如果为自己到底能获得多少工资而大伤脑筋的话,我们不会看到工作背后的那些有利于我们成长的机会,更不会注意到工作中的技能和经验,这样我们只会无形中将自己困死在装着工资的信封里,永远也不知道自己真正需要什么。

假如想成功,对于自己的工作,我们应该这样想:投入工作中,我是为了生活,更是为了自己的美好未来而工作,薪酬的多少永远不是我工作的终极目标,对我来说,那只是一个极微小的问题,我所看重的是,我可以因工作获得大量的知识和经验,以及踏进成功者行列的各种机会,这才是最大价值的报酬。

永远不要只为薪水而工作。事实证明,如果你不计报酬,任劳任怨,以老板的心态去工作,就能学到不同寻常的技能,这将能使你摆脱任何不利的环境,无往而不胜。也终有一天,你会成为一个真正成功的老板。

05　学习比收入更重要

平庸之辈和杰出人士的根本差别并不是天赋、机遇,而在于有无学习精神。我们身边有很多人,为薪水报酬与老板争得面红耳赤,结果不仅没挣到什么,还失掉了工作。不过,也有一些人,他们开始并不在乎薪水的高低,只看重学习和发展的空间,最后,成就最大的往往是他们。

有一个人一直想成功,为此,他做过种种尝试,但最终都以失败告终。他非常苦恼,就跑去问他的父亲,他父亲是一个老船员。父亲意味深长地对儿子说:"要想有船来,就必须修建自己的码头。"儿子听了这话沉思良久。至此,他不再四处尝试,而是静下心来,刻苦学习。后来,他不但考上了大学,而且考取了令人羡慕的博士后学位。不少公司经常打电话来,希望他能够加盟,而且待遇好得惊人。

世界上没有一蹴而就的事情,任何成功都是通过不断学习和努力去争取的。学习是自我完善的过程,也是我们在现代社会立于不败之地的秘诀。知无涯,学无境。我们不能眼光只盯着薪水而不放,要学会用知识武装自己。永远不要停止学习的脚步,让学习成就我们的事业,也成就我们的人生。

系山英太郎是一位在日本政商界呼风唤雨的显赫人物,30 岁即拥有了几十亿美元的资产,32 岁成为日本历史上最年轻的参议员。2004 年《福布斯》杂志全球富豪排行榜上显示,系山英太郎个人净资产 49 亿美元，排行第八十六位。他赚钱的秘诀何在？系山英太郎回答道："善于学习是制胜的法宝。"系山英太郎一直信奉"终身学习"的信念，碰到不懂的事情总是拼命去寻求解答。通过推销外国汽车，他领悟到销售的技巧；通过研究金融知识，他懂得如何利用银行和股市让大量的金钱流入自己

的腰包……即使后来年龄渐长，系山英太郎仍不甘心被时代淘汰。他开始学习电脑，不久就成立了自己的网络公司，发表他个人对时事的看法。即使已进老迈之年，系山英太郎依然勇于挑战新的事物，热心了解未知的领域。

正是凭借学习的热情，系山英太郎让自己始终站在时代的潮头之上。所以，如果你想事业有成，如果你想使自己的人生富有意义，就请努力学习吧。

李刚毕业时被分配到一家管理单位中任职。管理部门的工作，包括人事员、总务员，这些职位都是后勤性的杂务性质的工作，诸如修马桶、换钥匙、修水管等琐事都会碰到，这项工作可以说非常单调。但李刚并没有嫌烦，因为这个工作能接触到各单位的人、事、物，所以他就学到了其他的一些单位的工作常识、技能，例如，财务管理、教育培训、采购、计算机、商管验收等多个方面。之后，李刚又调到业务单位任职，也因为自己具有多方面的基础而驾轻就熟，很快就进入了工作状态，并且还表现得非常优秀。

优秀的人不管自己有多出色、成绩比别人高多少，都不会轻易放过从他人身上学习的机会。亨利·布莱斯顿曾说："人类拥有头脑如此神奇的东西，如果用来浪费在一些无聊事上，岂不太可惜了！"

学到了知识，还必须懂得运用。因为知识本身不能使你成功，只有把知识运用到实践中才可以给你带来成功。

史蒂文·斯皮尔伯格是当今好莱坞最有名的导演之一，导演了《泰坦尼克号》《拯救大兵雷恩》等著名的大片。

斯皮尔伯格13岁时就想成为一名电影导演，17岁时，他作为一名游客参观了"环球电影公司"。在那里，他挡不住诱惑，偷偷地离开旅游团，溜进了正在拍摄电影的摄影棚，找到了主任，并跟他聊起了电影制作。

第二天，斯皮尔伯格穿上西装，借了父亲的公文包，走进了那个电影摄制场所，似乎他就是在里面工作的人一样。他找到一间废弃的活动工作室，并在门上张贴起"史蒂文·斯皮尔伯格，导演"的字样。

他在电影摄制场"工作"了一个夏季，尽其所能学习了有关电影制作知识。

后来，他成了电影摄制场的正式成员，拍了一个短片，并最终获得了一个为期7年的合同。

我们可以从斯皮尔伯格身上看到，想要能够成为一代大师，主动地向梦想最容易实现的地方走很重要，那里有你所需要掌握地一切，但是，这还不够，你必须努力地去学习，掌握知识，并将知识变成自己的东西才行。

没有人否认斯皮尔伯格是成功的男人，他用自己的行动为所有人演绎了成功的法则：时时学习，充实内涵，能力是一天一天积累而得以壮大的。学习知识，并运用知识，就能取得成功。

如果你想创造美好的明天，就应将自己能自由使用的时间投注在能增加今天的工作效率的、有实际价值的事上。一名爱学习的员工，必定拥有美好的未来。

有战略眼光的员工，不会只看到眼前的工作，不会满足当前的收入，他们往往能够看到很远的将来，并为之不断学习、不断奋斗。

06 每一次失败都会增加下一次成功的机会

山里住着一位以砍柴为生的老农夫，在他不断辛苦地建造下，终于为自己建成了一座可以遮风避雨的木房子。

有一天，他挑了砍好的木柴到城里卖。傍晚回家时，却发现他的房子起火了。邻居都前来帮忙救火，但是因为傍晚的风势过于强大，所以没有办法将火扑灭，一群人只能静待一旁，眼睁睁地看着炽烈的火焰吞噬了整栋木屋。

当大火终于扑灭的时候，这位老农夫手里拿了一根木棍，跑进倒塌了的屋里不断地翻找着，围观的邻人以为他正在翻找着藏在屋里的宝物，所以也都好奇地在一旁注视着他的举动。

过了一会，老农高兴地叫着："我找到了！我找到了！"

邻人纷纷向前查看，才发现老农手里捧着的是一片斧头，根本不是什么值钱的宝物。

之后，老农兴奋地将木棍嵌进斧头里，充满自信地说："只要还有这把斧头，我就可以再建造一个更坚固耐用的房子。"

生活中的你是否也有类似老农夫的经历？如果答案是肯定的，是否也是像老农夫那样勇敢地面对失败呢？其实，失败和成功一样，是我们每个人生命中必然具备的一部分，失败只不过是暂时的，它是通往成功大道

所必经的一级石阶，它向我们证明了所采取的这些方法已经行不通了，而某些方法还没有试过——这就是希望！失败是一块人格的实验田，我们不该让沮丧、颓废的野草在里疯长，正确的做法是播下希望的种子，用坚持的水来浇灌，挥动执着的铁铲将消极之草埋葬。

在克服失败的过程中，我们不仅时时受到外界的压迫，而且还时时受到自身的挑战。如果认为自己没有能力抵挡困难，就像拳击手上台后，发现对手比较强大就胆战心惊，那不是被对手击倒的，而是被自己打败的。

一位著名的击剑运动员在一次比赛中输给了一个名不见经传的运动员。受这次失败的影响，第二次他又输掉了，其实他并非技不如人，而是失败在他心里留下了阴影。第三次比赛前，这名运动员做了充分的准备，他特意录制一盘磁带，反复强调自己有实力战胜对手，每天他都要将这盘录音带听上几遍，心理障碍消除了，在第三次比赛中，他轻松地击败了对手。

成功学大师奥格·曼狄诺曾经说过："无论我尝试了多少次，无论我在选定的事业中多么坚忍不拔，表现多么出色，无论我付出多大的代价，挫折与失败还是会日复一日、年复一年地如影随形。我们每个人，即使是最坚毅、最具英雄气概的人，一生中的大部分时间都是在失败的恐惧中度过的。"

没有人天生就是赢家，伟大的希腊哲学家、演说家德谟克利特就是一个很好的例子。他曾经因为口吃而害羞胆怯。他父亲留下一块土地，想使他富裕起来，但当时希腊的法律规定，他必须在拥有土地所有权之前，先在公开的辩论中战胜所有人才行。口吃加上害羞使他遭受惨败，结果丧失了这块土地的所有权。他从此发奋努力，创造了人类空前未有的演讲高潮。历史上忘记了那位取得他财产的人，但时至今日，世界各地的学童都在聆听德谟克利特的故事。不管我们跌倒多少次，只要再站起来，我们就不会被击垮。

人的一生中，难免会遇到各种各样的失败，只有把失败视为动力的人，才能不被突如其来的失败击垮，才能从失败中获取有益的经验和教训，为即将而来的成功做好准备。

当你感觉技能不够而工作吃力时，你要自己想办法去培养技能。只有自己准备好，你才能承担更多的责任与挑战来调整心态，以一颗忠诚、上进的心去面对工作中的挫折和失败。敢于以旺盛的精神去挑战失败的人，能够正确面对失败并且战胜失败的人，才是职场里的大赢家。

可以说，我们愈不把失败当作一回事，失败就愈不能把我们怎么样，只要我们坚持下去，成功的可能性就愈大。成功是为战胜失败而来的。

美国著名电视节目主持人亚特·林克勒特说："我刚刚步入这个社会时所遭受的打击正是我后来事业成功的基础。"失败可以摧毁一个人，但也能够成就一个人。对于意志坚定的人来说，失败恰好提供他最需要的意志，就是因为失败的刺激，才把他推向成功。

许多伟人、成功企业家大都有过类似的经历，他们甚至认为，有没有这样的经历，是一个人能否有成就以及有多大成就的试金石。总之，一个敢于面对失败的人，其实已经向成功走了一大半的路。

因此，我们要鼓励自己坚持下去，因为每一次的失败都会增加下一次成功的机会。

职场箴言

也许我们已经从失败中渐渐走出来了，也许我们觉得挫折并不可怕。失败可以战胜，只要我们具备从废墟中重建罗马的勇气和信心，我们才能最终胜利，实现“挫折——克服危机——再挫折——再克服危机”的成功模式。

07　苦藤上结的瓜才甜

每个人都想把自己想做的事情做成功，但是，实现梦想需要付出艰辛的代价，需要朝着心中既定的目标孜孜不倦、矢志不移地刻苦追求。在做事的过程中，毫无疑问要遇到这样那样的困难，假如一遇到困难就打退堂鼓，肯定一事无成。

中国有句俗语：“吃得苦中苦，方为人上人”。在工作中，员工面对的每一次困难与挫折都附带着等值好处的种子。困难与成功是一对永远对立的矛盾统一体。

在你面对困难的时候，往往也是你增长见识、增加能力、增长成功几率的良好时机。因为这种困难是获取成功的必经程序，没有这样的困难你就永远不能成功。在某种意义上说，困难往往与机会同在，它会为你带来成功的结果。

正如温斯顿·丘吉尔说过的一句话：“困难就是机遇。”

塞万提斯在写《唐·吉诃德》时，他正被困在马瑞德狱中。那时他贫

困不堪，根本无钱买纸，在将完稿时，把皮革当作纸张。有人劝一位西班牙巨商去接济他，那位巨商回答说："上天不允许我去接济他，因为唯有他的贫困，才能使得世界丰富！"

苦难往往能唤起高贵的人心中已经熄灭的火焰。《鲁宾逊漂流记》是在狱中写成的；《天路历程》是约翰·班扬在彼特福特牢狱中写成的。拉莱在他 13 年的囚禁生活中，写成了他的《世界历史》；大诗人但丁被判死刑，过着流亡的生活达 20 年，而他的作品大部分，包括伟大的《神曲》都是在这段时期完成的。

其实，每个人都不是天生就伟大杰出的，他们也曾经历过无数次失败。但他们能一直极力克服困难，拼命抗战，最终成为成功人士。

被人誉为"乐圣"的德国作曲家贝多芬一生遭遇磨难、贫困、失恋甚至耳聋的困扰，这些困难与挫折几乎毁掉了他的事业。贝多芬并未一蹶不振，而是向"命运"挑战。在两耳失聪、生活最悲痛的时候，他写出了最伟大的乐章。

正如他给一位公爵的信中所说："公爵，你之所以成为公爵，只是由于偶然的出身，而我成为贝多芬，则是靠我自己。"

许多成功的伟人在困难面前总是不战栗、不退缩，愈挫愈勇，胸膛挺直、意志坚定，敢于蔑视任何厄运，嘲笑任何逆境，忧患，困苦不足以损他毫厘，反而会加强他的意志、力量与品格，促使他更加坚定地向自己的目标前进。

每个人在日常工作中都必然会遇到一些困难。例如，忽然有一天，老板将一份非常棘手的工作交给你，你会怎样？可能会想："老板真是不公平，把这么麻烦的事情交给我，而同事博特却每天清闲自得，他比我拿的薪水还多呢！"与其这样想，倒不如说服自己："在老板的心目中，我比博特优秀。即使是老板有意优待博特，那么如果我把问题解决了，老板也会心知肚明的。"如此，你的心境就会非常开阔，你的努力也不会白费，就像当年安德鲁·罗文那样，勇于承担任务，战胜重重困难，最后终于把信送给了加西亚将军。困难承载的机会就是他借此获得的一切，包括财富、荣誉、职位等。

松下幸之助曾经说："没有永远的失败，只有暂时的困难。失败能提供给你以更聪明的方式获取再次出发的机会。"记住，只要你积极面对，失败只是黎明前的黑夜。

"失败乃成功之母"这句话充分地说明了在追求成功的路上，失败几乎是在所难免的。有一位社会学者说："我对古今中外的科学家做了充分的探讨，发现任何一项科研项目的成功都不是一次实验的结果，其间都经历了曲折与坎坷。"

那些伟大的科学家、发明家在经历了无数次失败以后依然不放弃对科学真理的追求，想必对失败有了更深层次的认识。心理学家在谈及科学家的失败时说："对于他们来说，失败就是成功的先期经历，这是每一项科学研究必须经历的。"

日本本田公司在全世界都有口皆碑，但是，人们对其创始人本田宗一郎也许并不是很了解。本田宗一郎出生在一个贫困家庭里，这个穷学生从来就不喜欢学校的正规教育，反而对机械研究情有独钟。可是，对于一个文化教育程度不高的人来说，制造摩托车、汽车是一件多么艰难的事啊？在本田的一生中，曾经失败过多少次连他自己都不清楚，但是本田能够记得清楚的是，他每次总是要仔细地研究失败，从失败中吸取教训。

本田说："每次失败后，我都要灰心丧气地消沉几天，但是几天过后，我又变得精神抖擞起来。我开始对前几天的失败进行思考，找出失败的真正原因，然后再提醒自己该从什么地方入手，避免失败。"

本田的技术一天天地突破，他的公司也在一天天壮大，在短短的几年内就成功打败了几百个竞争对手，立足于摩托车和汽车行业的前列，并且取得了举世瞩目的成就。本田在回忆总结自己的成功经验时，说出了令很多人惊讶的话，他说："感谢失败！我成功的经验完全来自失败。"本田大胆地承认，自己的成功秘诀全部来自于自己对挫折失败的反省。

在本田公司，如果有失败产生，一定会将这次失败作为公司的重点探讨专案。公司董事会要针对这次失败仔细探讨，然后将探讨出来的结果向公司的每个成员发布。这样的管理方式与模式，在全世界的知名企业里也是很独特的。

由此可见，本田宗一郎取得今天的成果几乎是必然的。

美国商界流传着这样一句话："一个人如果从未破产过，那他只是个小人物；如果破产过一次，他很可能是个失败者；如果破产过三次，那他就完全有可能无往不胜。"

打倒失败，获得结果，其实并不是什么难事，只要我们主动面对失败，积极探讨失败，并找到失败的真正原因，并及时改正，就一定会获得自己想要的结果。

事实上，工作中大大小小的困难是每个员工工作的重要组成部分，它会给你带来宝贵的阅历。在每次解决困难和问题的过程中，总结、吸取经验教训，会使你的能力有所提高，在困难中得到历练，业务得以精湛，从而在工作中游刃有余，挥洒自如。

职场箴言

“苦藤结瓜瓜儿甜。”在工作的过程中，难免会失败受挫，每当这时，我们应该相信风雨过后，就有美丽的彩虹，做到不怕苦、不畏难，迎难而上，勇敢地接受挑战，克服困难，就会获取成功。

第三章

有些事不必老板交待

别把时间花在抱怨你的老板上，老板有老板的优点值得你学习，老板有老板的苦衷需要你理解。是自己分内的工作尽快完成，有些事没有老板的吩咐，你也主动地去做，要知道正是这些老板没有吩咐的或尽在不言中的事你做到了，老板才会更欣赏你，愿意提携你。

01 老板永远是对的

老板好像天生就是和员工对立的。不管你走到哪里,总会碰到一些令你气结的上司或老板。“冷血动物”“欺压弱小”“心狠手辣”等这些负面评语,几乎都是冲着这些老板而来。

对于企业来说,客户就是上帝;而对于员工来说,老板也是如此。因此,员工应该把老板当成自己的客户,像对待客户一样对待老板。

柯维说:“别让自己在抱怨老板弱点时,也失去工作效率。”但是,大多数员工都有这样的通病,经常抱怨老板,聚集在一起抱怨老板成了同事之间最多的谈资。因为总能找到具有同感的人支持自己的观点。这些感同身受的人聚在一起,不断地发现、指出老板的缺点,评论发泄一番。也许这样可以缓解宣泄一下心中的不满,但是事情并没有这么简单。这种抱怨像流行性感冒一样,具有很强的传染性,会毒害组织的健康,影响工作效率的提高。

就像做老板的总是习惯性责难部属做事不够卖力,大多数的员工也不自觉地用“高标准”来要求老板,认为既然身为老板,就应公正无私,绝不能犯错。但毕竟老板不是圣人,老板也有七情六欲,也有压力,每天总有一些烦人的事破坏他的情绪。在工作和生活上,老板和员工一样,不断地有难题需要解决。

肯尼迪总统有句名言:“不要问国家能为你做什么,而是问你能为国家做什么。”试试看把这句话用在你和老板身上,可能会有意想不到的效果。

尝试着这样去做!但如果由于某些原因你无法做到,那么你该如何去做?是坚持还是放弃。你只能两者择其一——你必须马上做出选择。

每个地方都会存在许多失业者,与他们交谈时,你会发现他们充满了对老板的抱怨和诽谤。这就是问题所在——吹毛求疵的性格使他们摇摆不定，也使他们发展的道路越走越封闭。他们与老板格格不入，整天牢骚满腹，最终只能被迫离开。

那些只顾把时间花在说老板长短、诽谤老板的人，是没有时间成功的。如果你决定以贬低老板来提高自己，你会发现自己将大部分时间和精力花费在是非上，自己可用的就会所剩无几。如果你爱散布恶意伤人的内幕，就会丧失他人对你的信任。有句话说得好："向我们论别人是非的人，也会向别人论我们的是非！"

因此，当你准备谈论老板的是非时，不妨看一看老板定律：第一条，老板永远是对的；第二条，当老板不对时，请参照第一条。

组织发展顾问公司的创办人佛瑞兹的观点非常富有见地："想要用行动证明你是对的，上级是错的，根本无济于事。"有些人专门把注意力放在上级的短处上，以显示自己的高明，并以之为能事，这同样非常愚蠢。

一个受过良好教育、才华横溢的年轻人,长期在公司得不到提升。他缺乏独立创业的勇气,也不愿意自我反省,养成了一种嘲弄、吹毛求疵、抱怨和批评的恶习。他不能独立自主地做任何事,只有在被迫和监督的情况下才能工作。在他看来,敬业是老板剥削员工的手段,忠诚是管理者愚弄下属的工具。他在精神上与公司格格不入,使他无法真正从那里受益。

奉劝这些人:有所施才有所获。如果你认为与老板的关系实在难以调和,确实不可救药,那么就请你放弃现在的职位。继续留下来处于僵持和不停抱怨的局面,最后受害的肯定是你。但是,只要你还是公司中的一员,那么,就请你用对待客户的方式来对待老板。

职场箴言

大多数时候,“老板永远是对的”。识时务者为俊杰,与老板争吵的结果,和与客户争吵的结果同样糟糕,他们会永远把你列入拒绝往来户中。即使老板真的不对,真的满身毛病,你大可把他视为身心的磨炼,假使你现在有任何轻举妄动的行为,只会令你处于劣势,那才真是自毁前程。

02　懂得欣赏自己的老板

懂得欣赏老板的优点并去学习,但不要盲目崇拜,忠诚不等于愚忠。

老板之所以成为老板,因为他已经建立了自己的经济航母,其身上也有着过人的优点和特质,值得每一个员工去学习。因此,作为老板的下属,应该懂得欣赏自己的老板。

任何人都具有自己独特的人格特质,但有哪些是我们乐意并值得我们去欣赏的?玛格丽特·亨格佛曾经说过:“美存在于观看者的眼中。”

也就是说，我们在别人身上看到我们所希望看到的东西。每个人都有其复杂的一面和单纯的一面，他们的感情、情绪和思想各不相同。对素不相识的人进行评价和认知，其基点就在我们对他人的期望之中。

如果你相信他人是优秀的，你就会在他身上找到好的人格品质；如果你认为他是平凡的，就无法发现他身上潜在的优点；如果你本身的心态是积极的，就容易发现他人积极的一面。在你不断提升自己的时候，千万不要忘记培养欣赏和赞美他人的习惯，以及去认识和发掘他人身上独特的人格特质。

发现他人身上的缺点并非难事，但是能够从他人身上看出优秀的品质，同时从内心里欣赏他们所取得的成就，却不是一件容易的事，但你只有做到这一点，你才能真正赢得别人的尊重和赞赏。

在工作中，面对自己的老板也应该如此。作为公司的管理者自然会经常对我们的许多做法提出批评，对我们的想法提出否定，这些都会影响我们对他做出客观的评价。不过，老板之所以能成为老板，必定有他自己的特异之处，在他身上有着我们所没有的特质，正是这些特质使他超越了你。

人无完人，人是万物之中最优秀的，但同时身上也存在着许多不易弥补的缺陷，大部分人都有着很强烈的嫉妒之心，他们往往不能接受比自己更出色、更优秀的人，这一点正是阻挡大多数人迈向成功的绊脚石。成功学家告诉我们，提升自我的最佳方法就是帮助他人出人头地。当你努力地帮助他人时，你就会得到回报。如果我们能衷心地欣赏和赞美自己的上司和老板，他们得到升迁、公司得到成长时，一定会对你有所回报——是你的善行鼓舞了他们。因为，他们在最需要鼓励和支持的时候，听到了你发自内心地对他们的欣赏和赞美，你在他们最需要的时候给予了他们精神上的支持。

或许你的老板不如你优秀，不如你高明，但只要他一天是你的老板，你就得服从他的安排，并且还要努力去发现他身上那些你所不具备的特质及优点，尊敬他、欣赏他、向他学习。如果我们都抱着这样的心态，即使彼此之间有种种隔阂、误解，也会慢慢消解、冰释前嫌的。

美国福特汽车公司的创始人福特，年轻时曾在一家工厂里做学徒工。这位老板对福特非常苛刻，轻则斥骂，重则狠狠地揍他一顿，并经常让他做一些非常沉重的工作，很少让他休息。福特却毫无怨言，忠实地听从老板的安排，后来福特成了世界著名的汽车大王。有人问他："你有今天的成就，谁对你帮助最大?"福特毫不迟疑地说："是我的第一位老板，他教会了我工作的技艺，还培养了我对工作精益求精的态度。他对我一生的帮助最大。"

要欣赏老板，首先就要懂得向老板学习，也只有认为老板值得我们去学习，才会去欣赏他杰出的一面。我们经常把那些政治家、思想家、军事家，或是文学家、艺术家、科学家等作为我们学习的对象，却往往忽略了近在身旁的智者，这一点在工作中体现得尤其充分。由于种种原因，我们忽视了每天都在督促我们工作的老板——最值得学习的人，他们的身上有我们不可比拟的优势。作为员工应该懂得欣赏他们，了解并学习作为一名管理者所应该具备的知识和经验。只有这样，我们才能更快地提高自己，才能更好地为公司工作，才有更多发展自己的机会，为自己独立创业做好准备。

要多与杰出人士相处，多向他们学习。要留意老板的一言一行、一举一动，观察他们的处事方法，你就会发现，他们身上有许多特别之处。无论老板手中有多少财富，只要他们在人格、品行、学问、道德等方面都无比优秀，只要能与他们交往，就可以吸收到自己缺少的有益营养，使你重新树立起更高的理想，激发你有更高的追求，使你愿为事业付出更大的努力。

如果你错失了一位能给你无限教益的人，这将会成为你一生的不幸。只有通过与优秀的人交往，才能激发起我们潜在的智慧，从而带给我们无穷的力量。

在职时要赞美自己的老板，离职后同样也不要忘记欣赏曾经的老板。一位曾经聘用过数以百计员工的管理者谈起自己招聘人的心得时说："面谈时最能体现出一个人思想是否成熟、心胸是否宽阔的是他对刚刚离开的那份工作说些什么。前来应征的人，如果只是对我说过去雇主的坏话，对他恶意中伤，这种人我是无论如何也不会考虑的。"

也许一些人的确是因为无法忍受老板的压迫而离职的，但是也没有必要一有机会就对其进行攻击。已经过去的事情就让它过去，没有必要斤斤计较于自己所遭受的不公平待遇。

许多求职者以为指责原来的公司和老板能够提高自己的身份，于是信口开河，说三道四，这种做法看似聪明，实则愚蠢，其中的道理不难理解。

任何老板都希望自己的员工是忠诚于自己，希望能够把那些诚实可靠的人吸纳到自己的公司，而把那些到处说三道四的家伙拒绝掉。因为没有人能保证他们明天不会把现在的公司批驳得体无完肤。

对以前就职的公司和老板做一些无伤大雅的评价未尝不可，但如果这种评价带有明显的个人色彩，就可能变成一种不负责任的人身攻击，就会引起他人的反感，也因此很难找到一份合适的工作。很多公司在招聘员工时，会很谨慎地考察应聘者的各种表现，包括你在原公司的表现等。

有这样一个人，在公司工作了十多年，最近被公司解雇了。被解聘之后，他不但不好好反省自己被解雇的原因，反而逢人就诉说自己所遭受的不公平待遇，诉说老板如何对他不公。他会告诉你整个公司上下一切都依靠他，而最后自己却被人恶毒地扳倒了。

面对他的表现，人们越来越相信他被解雇是咎由自取，他不知道自我反省，却一直停留在过去，而且只会说些不幸、恐怖、消极的事。如今，他依然还在失业中，如果他不改变身上的这个缺点，继续失业下去是他永远无法改变的事实。

欣赏你的老板，也要善待你的老板。要知道，你的老板就是你成功路上最大的助力。

03　赢得老板的器重

一位著名的军事学家说："进攻是最好的防卫。"一位球王也说："我从不相信被动会有所收获。"要想在公司里出色，就必须引起上司的注意，巧妙地使自己成为引人注目的焦点。也就是说，你要懂得主动地展示、曝光你自己！

任何一位员工都想在自己的工作领域内取得突出的成绩，但是如果没有老板的信任和器重，那是根本不可能的事情。

要想获得成就事业的机会，必须掌握一套赢得老板器重的方式，其成功的要诀就在于"巧妙"两字。

有人将各种影响人们事业成功与否的因素作了如下划分：工作表现占10%，给人的印象占30%，而在公司内曝光机会的多少则占到60%。在当今这个人才济济的时代，要想出人头地实非易事。工作做得好也许可以获得加薪，但并不意味着能够获得晋升的机会。晋升的关键在于，有多少人知道你的存在和你工作的内容以及这些知道你的人,在公司中的地位和影响力有多大。

《财富》的副主编威尔·华盛顿说:“许多人以为只要自己努力,上司就会提自己一把,给自己出头的机会。这些人自以为真才实学就是一切,所以对提高个人的知名度很不在意。但如果他们真的想有所作为,我建议他们还是应该学学如何吸引众人的目光。”

要想引起老板的注意,赢得老板的器重,必须讲究方式和技巧,否则会弄巧成拙。

工作中,老板最欣赏的是优秀的员工。有些员工在工作中只知埋头苦干,但却没有引起老板的重视,原因就在于自己的才能没有展现给老板,没有掌握表现的艺术。

在做好工作的同时,又把自己的优点和长处表现出来,既显示出自己的工作能力,又体现出自己的处事能力,这样的员工是每一个老板都喜欢并欣赏的。

员工在表现自己时要把握好以下两方面:

第一,展现自己的才能。

1. 学会站在老板的角度考虑问题

通常情况下,老板总是站在更高的角度看待问题,有较宽的视野,能够通观全局。如果每位员工都能够如期地完成任务,而结果比老板期待的更好,那么老板自然会关注你,以后也能够放心地把更重要的工作交给你。你也将会获得更多的机会来提升自己的能力。

2. 认真领会老板的意图

中国有句俗语:“看人看相,听话听音。”要得到老板的赏识,打通自己的晋升之路,除了具备超强的工作能力之外,准确地听出上司话中的言外之意、话外之音也是极其重要的一环。

3. 认真负责,做事小心谨慎

每个人做事都要有认真负责的态度。如果你身居重要岗位,就更应该具备认真严谨的工作作风。认真负责、做事谨慎可以避免因疏忽导致的错误和不必要的损失。另外，严守工作机密，守口如瓶，这也是基本的职场规则，也是老板考核员工的一个重要方面。

4. 工作中能独当一面

除了忠诚可靠，老板最需要的就是能独当一面的员工。老板拥有的不仅是财富和名望，更重要的是责任——带领员工发展事业的责任。老板总希望自己的下属能独当一面，替他分担一些责任。

当前社会讲究分工与合作，任何公司的运作都不例外。这就是说，公司需要业务部门、财务部门、人事部门和规划部门等分工协作，具体到每个部门也是一样。在一个公司内，每个员工都有不同的任务和职责，这些不同的任务有个共同的目标，就是为公司创造利润，推动公司的发展。

5. 灵活掌握，积极迎接挑战

除了承担自己职责范围内的工作之外，还应该多做一些分外的事情。要能迅速学会一些相关的工作，将其视为新的机遇与挑战，从而使你接触到更多新事物，广泛地学习知识和技能，提升你的综合能力。在市场急剧变化的情况下，突发事件随时都可能发生，要有意识地培养自己灵活的适应能力。既然变化无可避免，那就积极地迎接挑战。

6. 表现自己时，不要把自己捧得太高

为了突出个人才能和潜质，在老板面前经常自夸以显示自己的本领，这样做不仅不能使老板惊叹和赞赏，反而使他对你失去了安全感。因此，千万不能在上司面前自夸，显得神通广大，而应当谦虚谨慎，在工作中多表现，让老板自己去感觉和发现你的才能。

适当的自我推销固然是必要的，但关键在于“适当”这两个字。假如掌握不好推销的尺度，做过了头，反而会适得其反。

第二，表现自己的个性。

1. 展现自信

一般来说，老板都有察言观色的本领，如果发现员工自信心不足，一般是不会把重要的工作交给他去做的。因此，员工在与老板交谈时，无论所谈的是什么话题，都要视线集中，并且直视老板，面部表情自然、微笑、

镇定。要向老板展现自己的自信,从而获得老板的重要工作任务,得到提升自我的机会。

2. 具有独到见解

工作中尝试着从不同的角度看事情,提出不同的见解,再加以整理和分析,必然会获得老板的赏识。

3. 良好的人际关系

良好的人际关系,对于自己未来的发展十分有利。

职场箴言

当你富有创造力地去完成老板交代的每一项工作,引起老板的重视时,你会发现,加薪不再是奢望,升职也不再遥远,而工作带给你的回报也远远不止这些。

04 对你的老板不仅是服从，还要会管理

在职场中，最能左右你生存状态的一个人就是你的老板，如果你跟老板的关系处理不好，将会影响到你的情绪、表现、甚至前途等。

在职场中，员工与老板的关系存在困扰的现象非常普遍，除了影响团队合作与良好的沟通外，严重时，会造成负面的冲突，甚至激烈的矛盾，影响团队的稳定。盖洛普的调查显示，员工离职的原因中一个最重要的因素就是与老板的关系处理不好。

由于传统的组织结构和等级观念在人们的意识中根深蒂固，员工习惯于对老板毕恭毕敬、唯唯诺诺、唯命是从，迎合老板的口味，只要按照老板的指令去执行任务就行了。但事实却比这复杂得多，一味地服从，并不能保证良好的关系。

其实，员工与老板之间的关系不仅仅是服从。每个员工还应学会如何管理老板，这对自身才能的发挥和事业的发展非常重要。

《哈佛商业评论》曾专门提出“如何管理你的老板”这一问题，引起了管理界和全社会的重视。在现代企业中，老板和员工的位置相互调换，员工不再单纯依赖老板。复杂的社会环境要求老板和员工相互依赖，员工需要老板，老板同样需要员工。

我们应该认识到：老板也是人，会犯错，会有缺点，需要人来帮助他们改正错误，发现优点，需要得到别人的认可而获得自信。作为员工不妨大胆来管理一下自己的老板，就像管理自己的工作一样，让老板和员工的关系更加和谐。

管理老板的过程是建立一种既能适合自己又能适合老板的工作方式的过程。而如何管理老板是一门很深的学问，首先要了解老板：你的老板在公司里的工作目标是什么；个人目标是什么；他的长处、短处在哪里；他

的工作方式怎样;他希望别人的工作方式是什么。有了这些基本的了解,与老板打交道时你就不会一头雾水,处理事情不致无头绪。或许你还可以因势利导、取长补短,从而避免冲突、误解和问题的发生。

但是,管理好老板不等于控制、摆布老板。如果你觉得你的老板是一个没能力、没水平的人,你可以糊弄他、控制他、指责他,那你首先就是个笨蛋,因为任何一个老板都不会容忍下属对自己的不尊敬。

管理好老板更不等于讨好、谄媚老板。即使你能用一些不高尚的手段赢得老板的青睐,让老板对你信任有加,言听计从,但在老板的眼里,你充其量也不过是一个可怜虫而已。

管理老板绝不等同于“拍马屁”,因为最根本的核心依然是每个人的专业能力。老板绝不会因为喜欢一个人,就不在乎他的工作表现。

在 Accentor 顾问公司担任顾问经理的黄玉玲便是用专业的表现,让上级对她的工作评语在一年后从“持平”改成“杰出”。

最初工作时,她的老板几乎是采取紧迫盯人的方式在观察她的专业能力,这对已经有 10 年工作经验的黄玉玲来说,的确有点格格不人。但黄玉玲并不情绪化,以“试着把自己犯错的几率降到最低,从建立客户对你的信任”来向老板证明她的能力。

同时，认识自己是管理好老板的一个更为重要的方面，也是更主动的方面。你要知道自己的需求、优缺点和个人风格。你不能改变自己的基本个性，更不能改变也不能期望改变你老板的基本个性，但你可以有意识地运用自己的优势去帮助老板将工作做好，使自己与老板的关系变得积极主动。

职场箴言

事实上，要管理好老板，首当其冲是先管理好自己。不论你的老板如何待你，只要你在合理的范围内，采取最得体的方式应对，就是一种最成功的管理。

05　改变看法和做法而不是改变原则

在这个多元化的社会中，很多人太早就学会了圆滑处世，学会了八面玲珑。它能让我们更好地适应这个社会，更好地去和别人相处。很多时候，在不改变原则的前提下，适当地改变我们的看法和做法，无论我们置身于怎样的环境中，无论有了怎样的经历，处理起同事、老板的关系都会游刃有余。

1. 假如你受到委屈……

比如你手下的一位员工在工作时出现了严重问题，老板知道后非常气愤，把一腔怒火全发到你身上，似乎错的就是你。而明明是你部下的错，却要你来承担你为了顾及老板的尊严又不能争辩，只能默默忍受。遇到诸如此类情况，谁都会觉得自己很委屈。但是你有没有想过，老板这样做有时候恰恰说明，他对你非常信任。由于信任，才把这个部门交给你负责，那你就要对他的信任负责。你感到委屈，是因为你只从自己的角度看问题，并没有站在老板的立场上或从公司的整体利益上看问题。片面的认识是你委屈的根源。

对于这类事件，需要你以开放的心胸、客观的心态来面对问题，不要把冲突的对方看成仇人，否则你永远摆脱不了受伤的痛苦。你要想办法了解事件背后的起因，消除自己的负面情绪。有时候，即使老板责骂你，也是为了提醒你。从公司角度看，你的手下有过失，也是你的责任，你应该承担领导责任，责备你也是应该的。如果你了解了这些，就不会感到委屈或有过多抱怨了。

同时还要理解与你发生冲突的人的具体情况。每个人的秉性与成长背景都不一样，通常爱发脾气的人都是性格急躁、过于主观的人。你的老板可能就是这样的一个人，而这也形成了他的一贯作风，他的做法并非是针对某个人的行为，或者是他一时遇到不顺心的事，正心烦着。这样一想，你就不会看不开而伤害自己了。

2. 假如你受到不公待遇……

比如你很想尽自己的一切努力去配合上司的工作，但上司偏偏对你不理不睬，有时还无缘无故对你出言不逊。作为下属，你必须忍耐，因为你知道，上司毕竟是上司，需要一定的尊严。可是矛盾进一步激化，上司天天找茬，你的怒火无处发泄，心里的难受劲无法用语言表达。每每想起就内心憋闷，觉得自己很窝囊。

专家分析得出如下结论：你受到如此伤害，可能有两方面原因：一是心里充满了愤怒和不平，而在冲突的过程中，由于双方力量不平衡，对方的情绪发泄了，你的情绪却没有得到发泄；二是你觉得自尊被伤害，却得不到及时的补救挽回，对自己的心灵产生了很大的破坏。

这时你首先要明白一个道理：情绪本身是无所谓好坏的。所谓负面情绪是指情绪的反应与现有的环境、现在的身份或工作角色发生冲突，从而产生负面的影响。

当你感到愤怒时，最佳的方法是释放。选择一个安静的环境，将所体验到的情绪、感觉，如委屈、愤怒、难过、悲伤等全都发泄出来。可以选择

一个不影响他人的环境，比如在旷野草地、河畔海边、山顶深谷等地方，用你认为可行的方式来释放愤怒情绪。但在释放的过程里要了解此时的心理感受。还有一种方法是每晚找一段安静的、不受外界干扰的时间，比如你自己的居所，敞开心扉，让一天里的所有情绪、感觉完全释放出来，或者写写日记，或者听听音乐。在此期间，放弃头脑里所有理性的东西，任情感肆意流淌。待情绪释放完毕，你会慢慢平静下来，而你也将逐渐学会和自己相处，善待自己。

3. 假如你受到人身攻击……

职场是社会的一个缩影，也存在着像大自然一样的弱肉强食的现象，在公司里，你可能也会遭到人身攻击或遭人排挤。

有被攻击者，就一定有攻击者。这个攻击者可能是一个人，也可能是一个小团体，可能是你的上司，也可能是同事。

受到攻击，可能是因为你有意无意招惹了别人，或是因为你工作出色，受到重用，而显示出周围人的无能或消极。前者是你自己的问题，后者则说明你是有能力的，而且尤为突出。

假设你发现自己被孤立、排挤，同事们已经对你产生了敌意，你只要尽量装作不在意，只管努力工作，闲言闲语自然会慢慢消失。千万记住，不要将一切和私人有关的事情带进职场，影响周围的人，那会让你显得没素质。如果采取漠视的态度，仍旧不能免除受伤害，甚至影响到工作，那就可以直接责问对方并警告对方立刻停止这种无聊的游戏。选择一个大家都在场的恰当时机，在公开的场合，众目睽睽之下把事情摊开来谈，才能避免自己受到更大的伤害，有利解决问题。

职场箴言

改变看法，就不会因创伤而痛苦；改变做法，就可以缝合伤口，轻松上路。但如果这种伤害冲击了你的奋斗目标和做人做事的原则，那么最好的选择就是尽早离开这是非之地。

06 利用挨骂的机会给老板留下好印象

不骂人，也许很多人能做到；可是不挨人骂，恐怕就不以自己的意志为转移了，可以说，一个人一生中不挨骂的几率几乎为零。特别是当你走入职场，在老板手下做事，天长日久，挨骂的机会也会多起来。有时即使是一个小小的失误，恐怕都会招来一阵辱骂。

当你挨了老板的骂后，首先自己应该认识到，无论多么优秀、杰出的人才，总免不了会挨老板的骂。第一次挨骂的感觉肯定不好受，可是，不管怎样，你都必须通过这一关。因为这也是一种和老板沟通的方式，更是一个机会，必须抓住这个机会给他留下好的印象。

有的人一旦被老板骂了，心中就会产生“这种骂实在让我受不了了，我不干了”或者“这下我是彻底完了，老板肯定讨厌死我了”的想法。其实大可不必，挨点骂并没有什么，重要的是要对挨骂的原因进行认真的反思，尽快改正错误，使自己不断进步，在“挨骂”中成长。

我们可以把挨骂当成是自己与老板的一种沟通交流的方式。当老板骂你的时候，也就代表他已经开始将你视为真正的工作伙伴了。另外，老板所骂的内容中也多半透露着他的本意和大量的实务知识，你应心平气和地仔细聆听，从中吸取有用的情报。

当老板在同事面前骂你，让你下不来台时，也不要怨恨他。你要认为老板之所以骂你，是因为在众同事中，只有你是值得他骂的。这时，需要你换个角度去想：他是在培养你，教育你，在给你面子。你更可以这样认为：正是由于他对我充满期待，所以才会对我所做的事感到失望，因此才会骂我。在一个单位里，只有那些最没有前途的人，才是被老板忽略的人。你被老板骂，正是他重视你，最起码也是没有忽视你的最好证明。

在公司里，善于理解老板的意图，正确对待老板的批评指正，接受意见并认真完成工作是很重要的，因为只有这样你才更容易得到老板的认同和好感，进而受到重用，获得加薪升职的机会。

日本的大企业家冈村小野原来是个服务生。在他做服务生的时候，经常挨老板铃木的骂，但冈村小野也正是因为老板每次的责骂而得到一些启示，学会了一些事情，所以冈村小野当时总是主动地寻找挨老板骂的

机会。冈村小野从不像其他的服务生那样，见到铃木就逃之夭夭。每当见到铃木，他总是立即上前打招呼，并态度诚恳地请教说："早上好！请问社长，您看我还有什么地方需要改进吗？"

这个时候，铃木便会对他指出许多需要注意的地方。冈村小野在聆听训话之后，总是马上就遵照社长的意思改正自己的缺点。

作为一个服务生，要接近社长是很难的。因此，冈村小野才想出了这样一种接近铃木的方法。就这样，冈村小野每天都主动向铃木问好，这样持续了大约两年的时间。

有一天，铃木社长对冈村小野说："经过长期观察，我发现你工作相当勤勉，值得鼓励，所以从明天开始，我请你担任经理。"

就这样，19 岁的服务生一下子便升为经理，在待遇方面也提高了很多。

我们从冈村小野的经历中可以得出一个结论：在与老板接触的过程中，被老板指责和训斥，就是在接受另一种形式的教育。

凡夫俗子挨骂在所难免，古今中外有所作为的名人"挨骂"也是屡见不鲜的。李时珍写《本草纲目》被庸医们视为"狂妄"；布鲁诺怀疑天主教义，被当做"异端"；马寅初推广《新人口论》，被当做"资产阶级毒草"批判……对此，他们一是泰然处之；二是变发怒为发愤；三是用光辉的成就来回敬。

所以，对于老板的骂，绝对要保持顺从的态度。虽然不必做到像应声虫那样唯唯诺诺，但最起码，脸上应该露出反省的表情，并显示出你虚心接受，真心实意地尽快改正自己的错误。

职场箴言

"不挨骂，长不大，不挨批，长得低。"把"骂"当成自己前进的动力，你就会真正理解"骂"中的含义，使自己尽快地成长起来。当你真的从老板的训斥中学到点什么的时候，说不定你会有意想不到的收获。

07　给爱挑毛病的老板留个“破绽”

据说乾隆有一个特点，就是喜欢听奉承的话，但又不爱看到人们是在当面吹捧。他非常喜欢谈文讲史，对文史的整理工作相当重视。在刊印《二十四史》时怕有误，乾隆常亲自校勘，每次校勘出一个差错，就觉得自己做了一件了不起的大事，心里特别痛快。这样，大臣们为了迎合他的心理，就在抄写给他的书稿中，故意在明显的地方抄错几个字，以便“宸翰勘正”。这实际上是变着法儿讨他高兴，这样做的效果当然比当面奉承他要好得多。当然，书稿中也有乾隆改不到的地方，但经他“御批”的书稿，就没有人再敢动了。这也是今天人们见到的“殿版书”讹误较多的原因所在。

我们姑且不说这样做的负面影响，在今天的职场中，这种做法在与老板打交道中也是很有效的。因为老板也是人，也会有正常人的自尊心和好胜心，下属只能处处讨好、奉承老板，让老板的自尊心得到最大限度的满足才对。不过，要满足上司的自尊心，就必须抑制你自己的好胜心，成全老板的好胜心。在抑制自己好胜心的时候，一定要不露声色，做得自然。

因此，身为下属，如果你想恭维、讨好你的老板，不妨把自己表现得比老板“外行”一些或水平更低一些。聪明的员工在和老板相处时，总是会千方百计地掩饰自己的实力，以假装的愚笨来反衬上司的高明，力图以此获取老板的青睐和赏识。

简洁在一家公司的宣传处工作，有一天，科长突然叫她整理一个劳动模范的先进事迹。其实，这是科长对简洁的一次考试，它将关系到简洁是否还能继续在公司待下去。本来整理这样的材料对她来说是很容易的，但有了无形的压力，便不得不格外精心。写好后反复推敲，又抄写得工工

整整，她把它送到了科长的桌子上。

科长看了非常高兴，因为字不仅写得工整悦目，而且在内容、结构上也没有什么可挑剔的。可是，科长看到最后，笑容收紧。最终，他把文稿退回，让简洁再认真修改修改，满脸的严肃，真叫人搞不清什么地方出了差错。简洁转身刚要迈步，科长像突然想起了什么似的说："对，对，那个'副厂长'的'副'字不能写成'付'，这不合文字规范，你把它改过来，改过来就行了。"

科长又恢复了先前高兴的样子，还一直说："做得快，不错。"简洁在显眼的地方留下了一个明显的小错误让科长指认，这让科长有了很好的心理平衡，也满足了科长的虚荣心理。简洁也因此而通过了"考试"。

现代职场，很少有哪一个老板不喜欢被下属恭维的，这是由领导超乎一般人的自我价值肯定愿望所决定的。那么，当老板向我们提出我们无力承担或不愿接受的某些工作要求时，我们可以把这些要求归入到老板所独具的能力范畴之内，在赞美上司业绩和能力的同时暗示此类工作只能由上司亲自完成，作为下属无权或无资格参与其中，否则只会把事情搞糟，这时，上司就会有一种非我莫属的荣誉感。

切记不可把事情做得太完美。不管你承认不承认，那些表现出色、从不出事、也不需要老板来指点的人并不一定能得到重用和认可。对于老板交办的事，如果你三下五除二就处理完毕，你的老板首先会对你旺盛的精力感到吃惊，效率高嘛。而因为你完成任务的速度快，所以完成的一定不是完美，这时老板会指点一二，从而显示他到底高你一筹。这就好比把主席台的中心位置给老板留着，单等着他来做“最高指示”的道理是一样的。

比如你陪老板进行某项比赛，你必须让他一步，即使他的技术不如你，你也得想办法让他表现的略胜一筹。但这种让并非一味退让，如果不能表现出你的真实本领，也许会使他误认你的技术本来就不太高明，反而引起无足轻重的心理，也就没有达到“让”的目的。

“让”也要掌握一定的技巧，应该根据其水平，施展你的相应本领，争取先造成一个势均力敌的局面，使其知道你不是一个弱者；再进一步施全力，把他逼得很紧，使他神情紧张，才知道你是个能手；最妙的一步，故意留个破绽，这是关键的地方，不露痕迹地让他突围而出，从劣势转为优势，于不知不觉中，把最后的胜利让给他。他得到这个胜利，不但不费过多心力而且危而复安，精神一定十分愉快，心里肯定对你非常赞赏。

安排的破绽必须十分自然，千万不要让他明白这是你故意使他胜利，否则他会觉得你这人虚伪。

职场箴言

伟大的人也许更喜欢迟钝的人，特别是在与老板相处中，记住这一点绝对不会吃亏。老板都有获得威信的需要，不希望下属超过自己。所以，聪明的下属应该想方设法掩饰自己的实力，以适当的愚笨来反衬老板的高明，以此获得老板的青睐与赏识。

08 努力工作而不是疯狂工作

许多社会新人一投身到职场，就发挥出“拼命三郎”的精神，一旦工作就停不下来。他们把疯狂工作当作满足各种欲望的主要方式，比如可以有更多的权力支配别人、控制别人，可以储存与食物一样珍贵的黄金财物。对大多数人来说，工作的目的是为了将来可以“不必工作”，希望有朝一日能整天游山玩水，过享乐的日子，所以现在才努力工作。但对某些人来说，工作的原因是他们已不能自拔，不能不工作，完全无法让自己停下来。

姜霖应聘到某知名公司后，给人的最大印象是能吃苦、能拼命，再加上工作能力强，在公司里青云直上，年纪轻轻就当上了部门经理。领导的器重和信任，更加重了他强烈的工作欲望。每天上班他是第一个到公司的人，下班后又是最后一个离开的人。即使回到宿舍，也很少休息，无时无刻不想着工作。由于缺乏睡眠和运动，他常睁着血红的眼睛去上班，一副疲劳过度的样子。公司的人都说，如果公司要评选劳动模范的话，姜霖肯定能入围，而且会是第一名。话虽如此，看着姜霖日渐憔悴的面孔，他们又不禁为姜霖的健康捏了一把汗……

中国近代的幽默大师林语堂曾经说过：“地球上只有人拼命工作，其他的动物都是在生活。动物只有在肚子饿了才出去寻找食物，吃饱了就休息，人吃饱了之后又埋头工作。动物囤积东西是为了过冬，人囤积东西则是为了自己的贪婪，这是违反自然的现象。”

工作不是一个人的全部，它不能拯救你的人生，也不能保证完全满足你的欲望，如果你把它当成一切，等到幻想消逝，反而更会心生困惑，令你心力交瘁。每个人追求的人生价值不同，并不是所有的人都非得在工作上拼足了全力,超越自己的极限,把自己弄得筋疲力尽不可。家庭、朋友、健康、娱乐……还有很多事值得付出努力。记住:努力工作不是为工作疯狂,你要学会善待自己,拥有旺盛的精力与健康,你的职场生涯才会更成功、更快乐、更长久!

老板欣赏不欣赏自己?会不会给我一个升职加薪的机会?红包里塞的钱会不会比别人多?怎样才能让老板喜欢自己?这些问题总是让上班一族费思量。老板会怎么要求自己呢?如果老板只是在我们像永动机一样运转的时候,只是在我们白天黑夜都坚守办公室的时候,只是在我们关闭一切私人空间的时候……才会对我们青睐有加,我们会怎么做呢?

成本价值比是必须要算的。

年薪 40 万元会让人变成工作狂,但有时年薪 4 万元也有工作狂。因为大家追逐的目标不同。

金小姐称自己所在的公司就像一台绞肉机,公司的中层领导每人都时刻准备冲锋,必须 24 小时开机等待魔鬼老板"传唤"。

她的董事长是中国人,但家却在加拿大,一年 12 个月,有 4 个月在享受天伦之乐。但公司这头他也放不下,一旦有什么事,也不考虑时差问

题,“啪”一个电话打给谁,谁就别指望晚上睡觉了。好不容易盼着董事长回国,可又得在 8 个月里干完一年的工作量。他自己白天黑夜地工作,大家都得陪着。

陀螺不转,大家为了公司运转得转;陀螺在转,大家是核心以外的盘子,就会转得更凶。每到周末,大家都有一种头昏眼花的感觉,躺在床上就绝不想起来,哪有什么业余爱好啊。

过去,公司里还有点利益之争,尔虞我诈,自从老板夫人孩子去了加拿大,众员工同仇敌忾,只要一想起老板就忍不住互相抱怨:“老板在西方极乐世界养得好好的,回来倒时差,我们怎么办?”

所以,公司的年轻人会得老年病,30 岁的人有 60 岁的心脏和身体。什么脂肪肝、高血压、颈椎病、糖尿病、静脉曲张、心肌梗塞等,都在公司员工的身上发现过。

金小姐觉得,私人老板真是黑,因为员工挣的真金白银都是老板的囊中之物,下属越卖命,老板就越发财。他就是要将所有的下属都变成工作狂,自己就超脱了,舒服了,发展了。

人的最大差异是在他的业余生活,业余生活的质量高,人的素质才高。彼得经常轻蔑地评论楼下的一家咨询公司,员工忙的像陀螺一样不停地转,结果公司的效益并不好,甚至还出现亏损。忙的不知所云还不如不忙。

彼得已经年薪百万,但仍有自己的业余爱好——写作。虽然他从大学读到博士学的都是临床医学,还赴美读了两年的 MBA,并在那里工作了几年,可他就是喜欢中国的文字,平时没事在家就在电脑前面敲字,已经发表了好几本畅销小说了。

在这家跨国公司工作了不到两年就步入中层的彼得不认为这样会影响自己的 8 小时。“注意力只有集中才能出效率。如果在十几个小时里,同事间相互大眼瞪小眼,根本就不会有好的想法和创意产生。我可不想把我的办公室弄成妈婆俱乐部。”

彼得正在跟美国老板讨价还价地要求中国公司每天6小时工作制。在圣诞节前公司会在美国南部乡村开会，那时，他将到高层那里再做斡旋：从他们分公司的业务特点来看，长时间泡在办公室并没有什么实际意义，因为每人手里都有一批客户，在办公室的时候往往是客户没有业务的时候。

他庆幸自己不是生在必须24小时都想着工作的年代，庆幸自己没有被迫到8小时之外还得被迫工作的企业。

虽然有很多书籍以及专家教导我们要热爱工作，但你不要领会错了，那绝对不是要我们变成工作狂，整天只顾工作，而是要我们去主宰工作，努力工作不会达到疯狂的地步。

其实，工作狂付出的不仅是智慧，还有生命。如果他忙来忙去，给公司带来利润，却以一场大病告终的话，最终吃亏的还是自己。现在的世道，挣钱很难，但花钱如流水，老板除非能提前给大额的保险，或翻脸不认人，卸磨杀驴赶出公司不管了，要不，培养工作狂反而是赔钱的买卖。

09　主动承担职责之外的工作

成功的人永远比一般人做得多。当一般人放弃的时候，成功者总是在寻找如何改进自我的方法，他们总是希望更有活力，产生更大的行动能力。成功者永远是比别人多做、比别人更努力的人。

成功者总是积极进取、自动自发的工作，凡事主动关注，而不是被动接受，那些只依靠把上司交代的事情做好的员工，就好像站在危险的流沙上，迟早会被淘汰。

曾有这样一则关于俄罗斯人种树的讽刺性故事：

三个俄罗斯人奉命执行种树的任务，其中一个人负责挖坑，一个人负责放树苗，还有一个人负责填土。

有一天，只有两个人到场，但缺席的那个人并没有对出席的这两个人的工作产生丝毫的影响。只见他们一前一后，前面那个人拿着铁锹照常挖自己的坑，后面那个人依然有条不紊地用铁锹把坑填满土，就这样干了好长时间。

这令一个在路边休息的过路人很是奇怪，于是走过去问他们在干什么。后面那个人回答说："我们在执行种树的任务啊，本来是三个人的，但负责放树苗的人生病请假没来……"

像俄罗斯人种树这样的极端情况可能在现实生活中并不会出现，但是在实际工作中，也不乏这样一类人：他们的确很努力工作，但是努力只局限于自己的本职工作，对于自己职责之外的工作，他们从来不会问津。

对于一名员工而言，仅仅全心全意、尽职尽责做好分内的工作是远远不够的，还应该多做一点，以超越别人的期待，由此吸引更多他人的眼光，给自我的提升创造更多的机会。

小谢本科毕业以后,只身来到北京,想找一份工作。可是刚到北京,就被小偷光顾了,她身上的钱和证件全部被偷走了。没有了证件,好的工作根本找不到,无奈之下,她只得到一家公司里做起了清洁工。

小谢并没有抱怨,而是踏踏实实地工作。后来小谢发现,她每次打扫垃圾桶时,都能看见里面有很多公司废弃掉的文件。她觉得这样不妥,这栋写字楼里有很多家公司,说不定其中就有自己公司的竞争对手。如果废弃的文件就这样整张的丢在垃圾筒里,万一被对手看到,说不定就会泄露公司的商业机密,从而给公司带来巨大的损失。于是她就趁清扫总经理办公室的机会,向总经理提出了自己的看法。

总经理听完心中一震,急忙叫来秘书询问,原来公司的碎纸机两个月前坏了,但负责办公室物品管理的员工当时很忙,一直都拖着没去买,后来渐渐地就把这件事忘得一干二净了。

总经理得知后非常生气,将失职的员工批评了一顿,又表扬了小谢。在得知她是一个本科毕业生后,总经理非常惊讶,在他看来,一个本科生能把一份卑微的工作做得如此细致,简直是不可思议。

总经理对小谢说:"一个大学生,做着如此卑微的工作,还能处处都想着维护公司的利益,真是难能可贵啊。"后来,小谢就成了总经理的秘书。

工作只是你的任务,并不是你的牢笼,不要用工作圈住自己的发展,没有哪一部法律条款上写着清洁工就不允许做总统的工作。

因此,在工作中不要死板地守着公司的规则,不敢越雷池一步,关键时刻要敢于突破,不要让环境牵着你的鼻子走。

事实上,每一位老板的心中对员工都有一种最强烈的愿望,那就是:不要只做我告诉你的事,运用你的判断和努力,为公司的利益、成功,去做你该做的事。

每个人在公司中都有其特定的职位、明确的责任,你可能认为自己没有义务做职责范围以外的事情。假如你一直严格固守着自己的职责之界,而不愿越过边界一次,那么你的职业发展也许只能停留在目前的职位

上，而不会有更大的发展。配合老板，毫无怨言并尽心尽力地完成额外工作的员工，通常都是公司积极培养的对象，

在工作中不能够认真负责，把工作视为畏途，对自己没有高的要求，职责之内的工作做好就行了，职责之外的该是谁的就是谁的，袖手旁观，冷眼观望，没有主动做好的意思，这样的员工永远也不会有大的发展。一个勇于负重、任劳任怨、被老板器重的员工，不仅体现在认真做好本职工作上，也体现为愿意接收额外的工作，能够主动为上司分忧解难。

一位名叫林岳的年轻人，每天下班后自愿留在公司里，承担一些自己工作职责之外的任务，同时陪老板工作到很晚。他说："没有人要求我这么做，但我认为自己应该留下来，在需要时为老板提供一些帮助。"虽然额外的工作占用了他的休息时间，并且没有任何报酬，但是从这种义务服务中，林岳获得了更多的学习机会，并很快得到老板的青睐，最终获得了提升。后来，林岳成立了公司，他自己成为总裁。他的成功秘诀就是：每天多做一点点，主动承担工作职责之外的任务。

可见，在工作中仅仅尽职尽责是不够的，还应该比分内工作多干一点点，比别人期待的更多一点点，这样才能得到更多的锻炼，才能为成长提供更多的机会。机会是留给有准备的人的，唯有那些能够在平淡无奇的工作中善于主动出击、善于创造机会和把握机会的员工，才有可能从最平淡无奇的工作中找到机会、抓住机会、有效地利用机会。

机会永远属于主动承担职责之外的工作的员工。

第四章

不成功是因为你做得不到位

人生真是很奇怪，很多事情似乎从一开始就决定了结局。这完全是当时一念之间的认识造成的，工作中亦是如此。因为认识的差异，有的人从心里把工作中的一切都当成大事来对待，并为此竭尽全力，于是，成功随之而来。而不成功的人，缺少的只是用心、细心、耐心。

01　绝对没有借口

职场中最愚蠢的事情就是推卸自己的责任而推卸责任最常用的手段就是寻找各种借口。在生活、工作中,我们往往能听到许多借口:“我没做过这种事情”“我的上司太苛刻”“是他没有告诉我”“我没有足够的时间”“还可以这样做?我没试过,这样肯定不行”“我老是没有机会”“路上堵车了”……

每个人都努力寻找借口来掩饰自己的过失。借口是滋生拖延的温床、推卸责任的理由、失败的亲密伴侣。它是阻止我们走向成功的最大的敌人。聪明的人应该毫不犹豫地抛弃借口。

当今社会的一些年轻人,当需要他们付出劳动时,总会找出很多的借口来安慰自己,总想让自己轻松些、舒服些。他们会说:“总有一天我会进入世界一流大学,那时我会好好学习最先进的文化……总有一天我会成为一个出色的工程师,那时,我将开始按照自己的方式生活……总有一天,我会住进豪华的别墅,同可爱的孩子们住在一起,那时先生开着新车我们全家会去令人兴奋的全球旅行……总有一天我将……总有一天……”但是,现实中从来没有哪一个人是靠这种拖延和幻想登上成功的金字塔的。伟大的成功凭借的是坚韧不拔的毅力并付出超出常人的努力!

借口让我们暂时逃避了困难和责任,获得了些许心理慰藉。但如果养成了寻找借口的不良习惯,当遇到困难和挫折时,就不会积极地去想办法克服,而是去寻找各种各样的借口。长期这样,会导致一个人的消极懈怠、一事无成,也会导致一个团队的战斗力丧失,一个企业的落败。

1965 年,一个瘦小的男孩来到西雅图一个学校的图书馆,他是被推荐来这里帮忙的。第一天,管理员给他讲了图书的分类法,然后,让他把那些刚归还图书馆,但放错位置的图书放回原处。“像是当侦探吗?”男

孩问。“当然!”管理员笑着答。

男孩开始在书架之间穿梭,就像在迷宫里,一会儿,他找到了三本放错位置的书。

第二天,男孩来得很早,而且更加努力。这天快结束的时候,他请求正式担任图书管理员。

两个星期过去了,男孩工作得很出色。但他告诉管理员,他的家要搬到另一个街区,他不能来这里了。他担心地说:“我不来了,谁来整理那些站错队的书呢?”

不久,小男孩又回到这个图书馆,告诉管理员,那个学校不让学生做管理员,他妈妈又把他转回了这个学校,由爸爸接送。“我又可以来整理那些站错队的书了,”他还说:“如果爸爸不送我,我就走着来!”

男孩的负责态度令管理员很感动,他认为,这孩子会做出了不起的事业。只是他没料到,他日后成为信息时代的天才——微软老板比尔·盖茨。

作为一个伟大的成功者,比尔·盖茨从不找借口推卸责任。一次,比尔·盖茨在公司高层会议上说错了一句话,秘书向他指出,他立即承认:“对不起,我错了。”

阿拉伯世界有句谚语:“若不想做一件事,你会找到一个借口;若想做一件事,你会找到一个办法。”不找方法专找借口的人能够做成什么事呢?只能浑浑噩噩地过着日子。

在职场中,总是有一些人找各种各样的借口,于是,借口变成了一面挡箭牌,事情一旦办砸了,就要找出一些冠冕堂皇的借口,以取得他人的理解和原谅。长此以往,人就会疏于努力,不再尽力争取成功,而是把大量的时间和精力放在如何寻找一个合适的借口上,岁月流逝,到头来两手空空,一事无成。

不找任何借口,对自己的言行负责,这是成大业者必备的素质。

02　不要忙于证明自己的清白

在工作中,做任何事情都会存在一定的风险。所谓风险,是指可能产生的危险。风险具有不确定性,这种不确定性,可能给人带来巨大的损失,也可能给人带来极大的收益。所以说,风险与发展机遇并存,风险与绩效利益共存,有风险就有机遇。作为一名员工,在面对风险时,不要因为害怕风险,而不敢承担责任,极力向别人证明自己的清白。这不仅仅是一种懦弱、胆小怕事的行为,也是一种极端不负责任的行为。

对一个想要达到既定目标并希望有所作为的人而言,勇于负责永远都会成为指导他们行为的一个准则。即使在风险面前，不管是不是自己的责任，他们都能够以勇于负责的精神，去沉着地面对并进行冷静的思考，周密的筹划和精心的运作，将风险降到最低限度。而有些人在面对风险时，因害怕承担责任而躲避责任，并极力向别人证明自己的清白，推卸自己肩上的责任。

在许多公司里都会有一些员工，在面临工作的风险时，为了推卸自己的责任，喜欢为自己辩护，极力向别人证明自己的清白，替自己开脱。实际上，这种推卸责任、文过饰非的态度，常常会使一个人在人生航道上越走越偏。

出现这种情况通常是害怕承担责任的懦弱心理在作祟，或者是虚荣心在作祟。他们认为自己各方面能力都不错，很少有失误发生，久而久之，养成了“一贯正确”的意识，一旦真的出现风险和过错，一时在心理上难以接受。为了维护自己的面子，他们便推卸责任，寻找理由，忙于证明自己的清白，为自己开脱。还有一个原因是怕影响自己在他人、尤其是上司心目中的威信和信任。

洛纳里克早年在公司亚洲部担任采购主管时，采纳了另外一个部门的经理和自己部门经理助理的建议，从而犯下了一个很大的估计上的失误。

那个部门的经理和洛纳里克所在部门的经理助理认为,泰国有一种产品,大量采购后,运到北卡罗来纳州将会有很好的销路,结果洛纳里克在采购过程中听从了他们的建议透支了账上的存款数额。公司对于零售采购商有一条至关重要的规则,不可以透支自己所开账户上的存款数额。如果你的账户上不再有钱,你就不能购进新的商品,直到你重新把账户补满为止,而通常这要等到下一个采购季节,这是一件很危险的事。

那次正常的采购完毕后,洛纳里克所在部门的经理突然打来电话告诉他,有一种日本企业生产的漂亮新式提包在欧洲市场上受到特别欢迎,要求他采购一部分。意外事情的发生,一下子让洛纳里克措手不及。

此时,他只有两个选择:第一,坦率地向自己的部门经理承认自己的失误,并配合经理向更高层申请追加拨款;第二,把责任推到经理助理和另外一个部门经理的头上。洛纳里克没有忙于向经理证明自己的清白,为自己开脱,而是向经理阐述了自己大量采购泰国那一种产品的具体原因,坦诚地向自己的部门经理承认了自己的失误,同时,配合经理向总部申请追加拨款,以便于采购新式皮包。

尽管部门经理有些不高兴,但他还是被洛纳里克的坦诚态度和负责精神所感动,并设法很快给他拨来了一笔款项。后来,那种泰国产品和日本产的新式手提包在推向市场后,深受顾客欢迎,卖得十分火爆。因此,公司高层对洛纳里克和他的经理都进行了一番丰厚的奖赏。

大多数人都希望能从工作中获得自己想要的东西,却很少主动付出什么,但是,只有付出才会有回报。作为公司的一员,不要一出现失误,便寻找理由,证明自己的清白,为自己辩护、开脱,这样做只会引起别人的反感。

勇敢地面对风险,才是一名合格员工的出色表现。

03 嫁祸他人是愚蠢的做法

现实生活中，总会有一些人在任务出错时，在上级面前说："都是他。"并很快说出某个人的名字或者某个部门，以证明把事情弄砸的不是自己而是他人。这种为了推卸自己的责任嫁祸他人的做法，不但于事无补，反而毁了自己的前程。

逊尼是英国一家大型建筑公司的工程部经理。一次，他的上司安排他去处理公司在外地的一桩收尾工程中与当地居民发生的纠纷。本来，这些事务不属于他的职责范围，但是，公司一时找不到合适的人选，总裁看他能言善辩，又极懂周旋，便让他暂时把手中的业务交给属下打理，到外地与公司分部的几位负责人共同协调，把这件事情处理妥当。

到了那里之后，逊尼因不了解当地民俗民情，在处理事务中，又自恃是总裁派下来的人，不懂得与几位负责人积极配合，一意孤行，结果事情不但没办好，还使冲突进一步激化。当总裁责怪他时，他便把责任统统推到分部的几位负责人头上。但总裁对事情进行了一番详细的调查，了解了事情的全部过程后，知道责任完全在他身上，便把他责罚一顿，并对他的人品和能力产生了怀疑。

事隔不久，逊尼又因为公司工程上的一些业务，与分部那几位负责人进行工作方面的交接，大家都暗恨他当初嫁祸于人的做法，便借机报复他，导致了业务上的失败，逊尼不得不辞职，离开了这家极有发展前途的公司。

一名员工或者主管，在接到上司交代的任务时，就要学会与团队合作。在工作的过程中，积极配合、协调一致地把任务完成，而不是自作聪明，一意孤行，把事情搞砸，为公司带来不良后果。同时，作为公司的员工，大家应该互相照顾，勇于负责，而不是在事情办砸之后，为了推卸自己的责任,寻找借口,嫁祸于人。

有人曾说,一个优秀的员工应该永远学会为两件事负责:一件是目前所从事的工作;另一件则是以前所从事的工作。如果你真正做到了这两点,那么你一定是个有前途的员工,因为你能够以负责的精神为自己的将来铺路。你为现在的工作负责,就能够让自己把手中的工作做得更出色,并在不断学习中超越目前的职位,不断向前攀登;你为以前所从事的工作负责,是为了把工作干得更出色,以自己的人品、道德和人格魅力来赢得别人的信任,从而帮助自己更快捷地实现人生的价值。

当你精通了某一项工作后,千万别陶醉于自己一时的成就,想一想未来,想一想现在所做的事有没有改进的余地,这些都能使自己在未来取得长足的进步。尽管有些问题属于老板考虑的范畴,但如果由你去思考,说明你正在向着更高的目标迈进。当然,你也不能够为了追求自身的完美,而把工作中的失误,嫁祸给别人,这是一种十分不明智的行为。

小龚是一家大型机械制造企业技术部的主管。他刚刚会同属下设计完了一项大型机械的零部件。虽然老板和一些专家认为这个零部件设计得很出色,但是,他总感觉这个零部件似乎还有一些缺陷,有些地方还需要进一步改进。所以,他一个人静静地待在办公室细心钻研,而忘了下班的时间。这时候,公司行政部里有一个与他关系很好的同事推开了他办公室的门,邀他出去吃饭。直到这时,他才放下手中的活,与同事一同出了公司的大门。

在半路上,这位同事告诉小龚一件事。

原来,在3年前,小龚还是这家企业车间里的一名小小的装配工,在装配一个电动机组时,没有从长远考虑,而为公司埋下了隐患。今天,这个电动机组发生了重大故障,为公司带来了损失,总裁勒令查明这次事故的责任人。有人反映,小龚也是这次事故的责任者之一。这位同事建议小龚把责任推到当时他那时的上司头上,毕竟当时的他仅仅是一名小小的员工,无权决定一些安装事务。这样做的确对自己有利,但是小龚考虑到自己当时也是参与工作者之一,有一定责任,不应该完全把责任推给别

人。

第二天，小龚来到总裁办公室，坦率地承认这次电动机组发生障碍，自己也有一定责任，所以，他甘愿受罚。总裁为他的这种勇于承担责任的做法感到高兴，表扬了他一番，对他的人品也很钦佩，并没有责罚他，只是要求他组织人员把那个电动机组再重新安装一次。

推卸责任、嫁祸他人不仅对问题本身于事无补，而且会影响团结，形成内耗，甚至造成人人自危的气氛，在人与人之间筑起高墙。自然，这也极大程度地摧毁了员工个人的创造力。

所以，作为一名出色的员工，就应该努力地完成上级安排的任务，替上级解决问题，在工作之中，也尽量配合同事的步伐，把每个人的潜能最大限度地发挥出来，大家共同协商，努力把工作干好，而不是在工作之中，狂妄自大、自以为是，或者为了推卸责任而寻找借口，嫁祸于人。

英国成功学家格兰特说过这样一段话:“如果你有自己系鞋带的能力,你就有上天摘星的机会!”所以,我们应该改变自己的做法和想法。把推卸责任、嫁祸他人的时间和精力用到自己的工作之中,勇敢地挑战自己的责任,坦率地承认自己工作中的失误,从失败中寻找规律。

04　恐惧本身是唯一值得恐惧的

恐惧是人类最古老又最强烈的情感之一,其实面对恐惧,只要事前思考,并对可能出现的不测做好准备,恐惧感就会大大地降低。面对恐惧,我们需要拿出勇气,不要让它把我们吞噬。面对困难,只有冷静地思考,找到解决的办法,其他的什么都不要去想,这样才能锤炼自己,才能真正找到解决困难的办法。既然有要坚持的目标,就不要放弃,哪怕前进的道路是曲折的,但它是通向成功的必经之路。

在工作中,你是否遇到过这种情况:某一问题就像一座高山摆在你面前,要想翻越它几乎完全不可能。于是,一种说不出的恐惧不招自来,你很快就向这个问题屈服了。出现这样的情境并不奇怪,因为有些问题的难度的确很大。但是,由于对问题难度的恐惧,就放弃解决问题的努力,这样的做法也不值得肯定。

王小姐刚从旅游学院毕业,就到一家著名饭店当接待员。参加工作不久,她就遇到了一个棘手的问题。

那天,一位来自美国的客人焦急地向值班经理反映:来中国前,他就预订了美国——日本——香港——北京——哈尔滨——深圳——新加坡的联票。但是,由于疏忽,一张去哈尔滨的机票没有及时确认,预定的航班被香港航空公司取消了。这下他急了,他到哈尔滨是去签订合同。如

不能及时赶到,将造成很大的损失。

值班经理当即安排王小姐和另外一位老接待员处理这个事情。她们一起到民航售票处向民航的售票员介绍了有关情况,希望她能够帮忙解决这一问题。

但售票员的回答是:“是香港航空公司取消的航班,和我们没有关系。”

而去哈尔滨的机票已经全部卖完了,重新买一张机票也是不可能了。还有其他什么办法吗?

于是,她们再一次向售票员重申:这是一个很重要的外国客人,如不能及时赶到哈尔滨会造成很大的损失。但售票员的回答仍然是:“对不起,我也无能为力。”王小姐问:“难道就再没有别的办法吗?”

售票员说:“如果是重要客人,你们可以去贵宾室试试。”

她们立即赶到了贵宾室,但在门口就被拦住了,工作人员要求她们出示贵宾证。这时她们又傻眼了,此时此刻,到哪里去办贵宾证啊?

王小姐不甘心,又向工作人员重申了一遍情况,但工作人员还是不同意让她们进去。她突然动了一个念头,于是问了一句:“假如要买机动票,应该找谁?”

回答是："只有总经理。不过我劝你们还是别去找了，现在机票非常紧张！"

碰了这么多次壁，同去的接待员已经灰心丧气了。她想：要找总经理，那恐怕更是没有希望了。于是，她拉着王小姐的手说："算了吧，肯定没希望了，还是回去吧，反正我们已经尽力了。"

那一瞬间，王小姐也有点动摇了，但很快她又否定了自己，还是毫不犹豫地向总经理办公室走去。见到总经理后，她将事情的来龙去脉又讲述了一遍。总经理听完之后，看着她满是汗水的脸，微微一笑，问："你从事这项工作多长时间了？"

得知她刚刚参加工作，总经理被她认真负责的态度感动了，说："我们只有一张机动票了，本来是准备留下来给其他重要客人的。但是，你对客人负责的态度和敬业精神让我非常感动。这样吧，票就给你了。"

当她把机票送到望眼欲穿的客人手上时，客人喜出望外。酒店的总经理知道这件事后，当着所有员工的面对她进行了表扬。不久，她被破格提拔为主管。

后来，王小姐说："其实，当我的同事说一点希望也没有的时候，我也很想放弃。因为已经被拒绝多次了，我也怕见到总经理后，仍然会遭到拒绝。但是，我突然想起罗斯福的故事，它给了我继续努力的勇气。"

美国第三十二任总统富兰克林·罗斯福，一直被认为是美国历史上最伟大的总统之一，他在任期间，美国正处于经济大萧条时期，全国上下一片恐慌。为了振兴美国经济，罗斯福决定推行"新政"，但要实行"新政"，首先要振奋民心。为此，他给美国人民做了一次"战胜恐惧"的著名演讲，其中有这样一句经典名言："我们唯一值得恐惧的就是恐惧本身——模糊的、轻率的、毫无道理的恐惧本身！"

罗斯福以正视问题、蔑视困难的姿态，采取果断的措施，不仅带领美国走出了经济危机，而且让美国加入反法西斯的战争，迎来了第二次世界大战的胜利。

实际上，绝大多数问题并不如我们想象的那样严重，只要我们撕破轻率恐惧的面纱,就能很好地解决它。

著名将军巴顿曾经说过:“如果勇敢便是没有畏惧,那么我从来不曾见过一位勇敢的人。”即使再勇敢的人,也有畏惧的时候。要想从恐惧中解放出来,培养真正的勇气,最有效的办法,就是强迫自己面对。

美国总统艾森豪威尔小的时候,有一段时间,他每天放学回家都被一个与他年龄相仿、粗壮好斗的男孩追赶。一天,这一幕正好被他父亲看见,于是冲他大喊:“你干吗容忍那小子追得你满街跑?去把那小子给我赶走!”

于是,他不得不停下来,面对曾令自己恐惧的对手,他开始猛烈的反击,这一架势立刻把对手吓住了,慌忙夺路而逃。艾森豪威尔顿时勇气大增,一把将对手抓住,正言厉色地警告他:“如果你再敢找我的麻烦,我就每天打你一顿!”

通过这件事,他悟出了一个道理:别看有些人耀武扬威,其实不过是外强中干,唬人而已。

职场箴言

遇到敌人和强硬的对手,恐惧是避免不了的。但是,不要忘记:你畏惧对手,对手可能也畏惧你,甚至比你对他的畏惧还要大。在这种情况下,谁更敢面对,谁就能获得胜利。

05 用简单的方式处理复杂的工作

做同样的事,有的人能够成功,而有的人却一事无成,这与个人考虑问题的方式有很大的关系。明代冯梦龙曾说:“世本无事,庸人自扰。唯则通简,冰消日皎。”将问题简单化,是智慧的体现。

爱因斯坦一直把追求形式的简单化,作为科学研究工作最重要的条件之一。他说:“科学家必须在庞杂的经验事实中,抓住某些可以用精密公式表示的普遍特性,由此探索自然界的普遍真理。”这一形式可能是一个概念、一个公式,也可能是图表或者符号。科学界的天才人物总是善于借助这些简洁但充满生命力的表述方式,将问题很好地表现出来。

爱因斯坦有一个最著名的能量、质量公式:$E = MC^2$,极其简单的一个公式。但就是根据这个简单公式,人类发现了核能,制造出了原子弹。

在工作中,我们往往认为:想得越多就越深刻,做得越多就越有收获。然而,事实并非如此。

多贝克决定开一家帽子专卖店,他亲自出马设计了一块招牌,上面写着:“多贝克帽店,制作和现金出售各种礼帽。”然后请朋友提意见。

第一个朋友说,“帽店”与“出售各种礼帽”意思重复,可以删去;第二位和第三位说,“制作”和“现金”可以省去;第四位则建议将多贝克之外的字都划掉。

多贝克采纳了朋友的建议，只留下“多贝克”三个字，并在字的下面画了一顶新颖的礼帽。帽店开张了，过路人看见后都觉得招牌别致新颖，纷纷前去购买，帽子店的生意自然异常红火。

在工作中，许多人的思维方法仿佛是与复杂结缘的，他们不仅把问题看得复杂，更把解决问题的方式变得复杂，甚至钻到“牛角尖”里无法出来。学会把问题简单化，是员工顶级智慧的体现。

在很长一段时期内，美国华盛顿的杰斐逊纪念堂前的石头腐蚀得很严重，清洁维护部门为此大伤脑筋，而且许多游客也纷纷抱怨。按照一般的思路，最直接的做法就是更换石头。但这样不仅需要大量的经费，更重要的是会大大地改变纪念堂的设计原貌。对这个左右为难的问题，所有相关部门的领导都一筹莫展。

一天，一个年轻的清洁工走进了主管经理的办公室，他平静地向经理问道：“为什么石头会腐蚀？”

“这还用说，当然是因为维护人员过于频繁地清洁石头。”经理爱理不理的回答。

“那为什么需要这样频繁地清洁石头？”

“废话！你没看见那些经常光临的鸽子们留下了太多的粪便！”经理有些气愤。

“那为什么有这么多的鸽子来这里？”

“因为这里有足够多的蜘蛛可供它们觅食。”

“蜘蛛为什么都往这里跑，而不往其他地方去呢？”

“每天黄昏时，这里有许多飞蛾。”

“很好，”这个清洁工笑一笑继续问道，“那么，这里为什么会有这么多的飞蛾？”

“哦，是黄昏时纪念堂的灯光把它们吸引过来了。”

清洁工通过这样连续地发问，终于找到了问题的根源所在。于是，经理立即命令推迟纪念堂的开灯时间。这样一来，没有了灯光，飞蛾就不会来；没有了飞蛾，就没有蜘蛛；没有了蜘蛛，就没有鸽子；没有了鸽子，就没有了粪便；没有了粪便，就不需频繁地清洁石头；不频繁清洁石头，石头自然不会腐蚀。

非常简单的一个举措，不但解决了一个复杂的难题，还节省了一大笔开支。在工作中，有时候最好的解决问题的方法往往非常简单。

在一家国有大型企业的研究室里，研究人员迫切需要弄清一台进口机器的内部结构。这台机器里有一个由 80 根弯管组成的密封部分。要弄清内部结构，就必须弄清其中每一根弯管各自的入口与出口，但是当时没有任何有关的图纸资料可以查阅。显然这是一件非常困难和复杂的事。所有的技工想尽了一切办法，甚至动用某些仪器探测机器的结构，但效果都不理想。后来一位很普通的小电工，提出一个简单的方法，很快就解决了这一复杂的问题。

小电工找来两支粉笔和几支香烟。他点燃香烟，大大地吸上一口，然后对着一根管子往里喷。喷之前，在这根管子的入口处写上“1”。这时，让另一个人站在管子的另一头，见烟从哪一根管子冒出来，便立即也写上“1”，其他的管子也都照此办理。

不到半个小时，80 根弯管的入口和出口就全都弄清了。

在这个事件中，为何众多高学历的技工都没办法解决的问题，却被一个文化程度不高的小电工轻而易举地解决了？其实，并非这位小电工的智力高于那一帮技工，而是技工习惯性地把问题想得复杂，而小电工只求更简单地解决问题！有时候，简单的方式才能最好地解决问题。

无独有偶，“世界发明大王”爱迪生曾经有位叫亚波恩的助手，出身名门，是大学的高材生。在那个门第观念很重的年代，亚波恩对小时候以卖报为生、自学成才的爱迪生很有些不以为然。

一天，爱迪生安排他做这样一个计算梨形灯泡容积的工作，他一会儿拿标尺测量，一会儿计算。几个小时过去了，他忙得满头大汗，但就是算不出来。

这时，爱迪生进来了，他看看面前堆了一打稿纸的亚波恩，明白是怎么回事了。他拿起玻璃泡,倒满水,递给亚波恩说:“你去把玻璃泡里的水倒入量杯,就会得出我们所需要的答案。”

亚波恩这才恍然大悟:哎呀,原来这样简单!从此,他对爱迪生产生了深深的敬意。

这个故事对你有什么启示呢?把复杂的工作简单化,这是一门艺术。你必须开动脑筋,努力寻找达到结果的更简单的方法。这样你才能快刀斩乱麻,而不至于淹没在“剪不断,理还乱”的复杂表象之中无法自拔。

在具体工作中,面对繁冗艰巨的工作任务,你必须学会分清工作的主次:首先把重要的工作放在首位,优先处理,而那些无关紧要的工作放到一边,接着再排除那些虽然有价值、但由别人干也可以的工作,最后再剔除那些你认为放在以后再干也不要紧的工作。

为了使工作条理化,不仅要明确你的工作目标是什么,还要明确每年、每季、每月、每周、每日的工作及工作进度,并通过有条理的连续工作,来保证按正常速度执行任务。

许多员工抱怨工作太多、太杂、太乱,实际上是因为他们不善于制定日程表,不善于安排好日常的工作,许多事情不管重要与否都抓住不放,人为地制造忙乱。这样不但工作没有条理性,而且还把自己弄得疲惫不堪。

为日常工作和下一步进行的项目制定日常表,并为你将要完成的工作目标制定出一份计划。这不但是一种切实可行的时间节约措施,也是提醒人们记住某些事情的手段。特别是制定一个好的工作日程表非常重要。计划与工作日程表的不同在于,计划是指对工作的长期打算,而日程表则是指怎样处理眼前存在的问题。

因此,为了达到令人满意的工作结果,每一个员工必须在处理复杂的工作时,寻求简单的处理方式。与此同时,还要在日常工作中,学会合理规划,做到心中有数,尽量把繁冗复杂的工作条理化、简单化。

职场箴言

大作家巴尔扎克说过:“有些人每天早上计划好一天的工作,然后照此实行,他们是有效利用时间的人。而那些平时毫无计划,遇事现打主意过日子的人,只有‘混乱’二字。”

06　不顾后果,就没有结果

愤怒使人失去理智思考的机会。许多场合,因为不可抑制的愤怒,使人失去解决问题和冲突的良好机会。在工作中,我们也会经常看见很多人为了一点小事而怒容满面,甚至与他人大打出手,这是想要得到成功结果的员工的大忌。

其实,几乎每一个员工都知道自己不该发怒,但主要原因是情绪容易被激化,自己控制不住。情绪一旦被激化就会愤怒不已,即使只是鸡毛蒜皮的小事,他们也会认为天理不容。心理学家说:“浮躁的情绪容易使人冲动,常常做出与自己意愿相悖的决定。”的确,浮躁易怒的情绪给我们带来的危害是比较严重的。因此,如果你想成就一番事业,就应该时刻学会控制自己的情绪,不能让浮躁愤怒左右自己。

著名的成功学家拿破仑·希尔曾经这样说:“我发现,凡是一个情绪比较浮躁的人,都不能做出正确的决定。在成功人士之中,基本上都比较理智。所以,我认为一个人要获得成功,首先就要控制自己浮躁的情绪。”

无数成功人士的经验表明,一个缺乏自制、不顾后果的人,一定与成功无缘。因此,无论何种原因,在同事面前发怒都是不明智的。

一天,卡耐基和办公室大楼的管理员发生了误会。管理员为了表示他对卡耐基办公室中工作的不满,就在卡耐基到书房里准备一篇第二天发表的演讲稿时,管理员把大楼的电灯全部关掉。卡耐基立即跳起来,奔

向大楼地下室，冲着正在干活儿的管理员破口大骂，一直持续了 10 分钟之久。最后，他实在想不出什么骂人的词句了，才停下来。

管理员这时才直起身体，转过头来，以一种充满镇静与自制的柔和声调说道：“你今天有点儿激动，不是吗？”

卡耐基立即怔住了。站在他面前的只是一个普通的管理员，但自己却在这场战斗中被打败了，他感受到了耻辱，他知道自己必须向管理员道歉，内心才能平静。最后，他下定决心，要请求管理员原谅自己。

卡耐基说：“我为我的冲动向你道歉——如果你愿意接受的话。”

管理员微笑着说：“凭着上帝的爱心，你用不着向我道歉。除了这四堵墙以及你和我之外，并没有人听见你刚才所说的话。我不会把它说出去的，因此，我们不如把此事忘了吧。”

卡耐基听了这些话简直无地自容，因为管理员不仅表示愿意原谅他，实际上更愿意协助他隐瞒此事。他抓住管理员的手，使劲地握了握。在走回办公室的途中，卡耐基感到心情十分愉快，因为他终于鼓起勇气，化解了自己做错的事。

这件事对卡耐基的触动很大，使他决定以后不论做什么事绝不再失去自制，并为此诞生了一句名言：“上帝要毁灭一个人，必先使其疯狂。”

在工作中,可能由于各种各样的原因,你一时控制不住情绪,像一头愤怒的狮子把心中的不满发泄出来,似乎情有可原,但你是否考虑过这样做的后果是什么?心情烦闷、精神恍惚、无法集中精力工作,或者损害了你在上司及同事心目中的形象,将你孤立起来,使你成为孤家寡人,独自忍受冷清与寂寞,甚至上司将你视为公司的不稳定因素,请你走人……这对于你完成工作有百害而无一利。

所以,当你想要发怒的时候,先想想这种爆发会产生什么影响。如果你晓得发怒必定会有损于你自己的利益,那么最好约束你自己,无论这种自制是怎样的吃力。

马琴力总统某次在一种本来可以发怒的情形中,制止了自己的愤怒,这就很足以证明他是一个能够胜过难关的人。他有一种很聪明而极简单的方法以克服那些发怒的对手。

有几位代表,因总统指派某人为收税的经纪人而来抗议。其中领头的是一个议员,6.2 英尺高,脾气很粗暴。他用愤怒的口气骂着总统,几乎说的都是一种侮辱的言词。但是总统毫不作声,任他去泄尽他的愤怒,然后总统很平和地说:“现在你觉得好些了吗?”然后接着说,“照你所说的这种言词,你实在是无权晓得我何以要指派某人,不过我还是得告诉你。”

那位议员的脸马上红了,想道歉,但是总统又用一副笑脸说:“无论什么人如果不晓得事实,总是容易弄得发狂的。”然后他便向这位议员解释了其中的缘由。

马琴力总统这种冷静而带讽刺的答复,足以使这位议员觉得自己用这种粗暴的语言是错了,而这次的指派或许是对的。总统的这种聪明的对付,使那位议员完全无所施其力了。

这个议员回去向其他人报告他交涉的结果时,只能说:“伙计们,我忘了总统所说的是些什么,不过他是对的。”

可见,一个具有良好自制能力的人,总是比那些自制能力差的人更容易获得有益的结果。而在工作中,机会总是悄悄地潜藏在你的身边,但是因为你的不自制，导致结果与你擦肩而过，而你却不觉得，甚至埋怨机会总是照顾不到自己。如果你能像马琴力总统一样学会自制，不管发生什么事都能保持冷静，那你一定能够抓住身边的机会，从而一步步靠近成功。

愤怒时最坏的后果是，人在愤怒的情绪支配下，往往不顾及他人的尊严，严重伤害了他人的面子。损害他人的物质利益也许并不是太严重的问题，但是损害他人的情感和自尊却无疑是自绝后路，自挖陷阱。如果你心中渴求成功，那么，愤怒是一个不受欢迎的敌人，应该彻底把它从你的生活中赶走。

美国宾夕法尼亚大学的赛格曼教授带领自己的研究小组对新加坡一家保险公司的1万名员工（随机选择）进行了跟踪调查，以研究销售人员的业绩好坏与个人情绪管理能力的关系。参加这项调研的人员都经过2轮测试：第一轮是公司常规的摸底测试，第二轮是赛格曼所设计的“个人信心状况”测试。结果有少数人在第一轮的摸底测试中成绩不及格，但却在“个人信心状况测试”中达到“超乐观者”的标准。随后的调查发现，这些“超乐观者”中有90%都是公司中的优秀业务员，他们第一年的平均销售业绩要比其他销售人员高22%，第二年的平均销售业绩要比其他销售人员高58%。从此，该保险公司便买下了赛格曼的“个人信心测试系统”，把它作为招聘新员工的主要测试方法。结果，公司的总销售业绩在3年内翻了两番，业务员的平均销售业绩也有了显著的提升。后来，赛格曼教授总结自己多年的研究经验，发表了著名的“乐观成功理论”。他认为，在智力相当的情况下，一个自信乐观、心态平和的人比一个信心不足、悲观消极的人更容易取得成功。

可见，控制情绪也是取得成功的一个基本保障。也许你是一个能力超群的员工，但是，如果能够提高个人情绪管理能力就会如虎添翼。

总而言之，每一个员工都应当提高自己控制浮躁情绪的能力，时时提醒自己，有意识地控制自己情绪的波动。当你在工作中遇到什么不顺心的事忍不住想发怒的时候，一定要设法先让自己冷静下来，想想这样做的后果,然后把蠢蠢欲动的发怒转化为去思考解决问题的方法,也许这正是一次让你取得成功的机会。

职场箴言

如果你不顾后果地把怒气发泄出来,只会使结果更糟,既无助于解决问题,甚至使矛盾更加激化。

07 不是不能沟通,而是不会沟通

有一种很流行的说法:光有埋头苦干的精神不行,还得会搞关系。而戴尔·卡耐基在他的著作中也不断提到,一个人的成就,80% 决定于人的沟通的能力,而专业知识只占有 20% 。什么是沟通? 沟通就是互相交换彼此的想法,然后使双方达成理解,取得一致的过程;沟通就是要在倾听别人的心声之后,再将你的想法种植到别人心中;沟通就是表达理念,使人产生同感并接受。善于沟通的人一定拥有众多支持者,因为别人理解他;善于沟通的人一定是个顶尖推销员,因为顾客接受他;善于沟通的人一定是个好的领导者,因为他了解下属,下属也相信他;善于沟通的人一定是个好演讲者,因为听众的心都会向着他。

有一对老夫妇结婚 50 年了,在结婚纪念日的早晨,老先生就和老太太说,我们今天谁也不许吵架,老太太答应了这个要求。中午全家人在饭店聚会,庆祝这美好的一天,大家都高兴的吃着饭。这时,服务员端上来了一盘鱼,老先生上去一筷子就把鱼头夹到了老太太的碗里,老太太立刻就流出了眼泪,说了一句:“我忍了你 50 年了,我这辈子最不爱吃的就是鱼头,到今天你还把鱼头夹给我。”老先生听到这句话也默默流下了眼泪说:“我这辈子最爱吃的就是鱼头,50 年了,50 年我都舍不得吃,每次都给

你吃。”

不知道老人的眼泪是感动还是悔恨，50 年来，如果他们能够试着沟通一下，就不会留下这一辈子的悔恨；如果我们生活多一点沟通就会少一点遗憾。

在职场中，沟通更为重要。在认真完成工作、很好地进行工作方面、个人方面交流是有必要的，它如同润滑油，是建立良好人际关系的关键。

在初入职场的时候，朱先生就听前辈说过，要想在单位里站稳脚跟，首先要保持谦虚的态度，按照上司的要求努力完成手头上的工作就行了，其他的事情尽量少管，以免引来不必要的麻烦。对于过来者的建议，刚刚开始职业生涯的朱先生深信不疑地采纳了。这对于性格本来比较内向的他而言，保持一定的沉默比在同事和上司面前表现和炫耀自己更容易接受。于是，在会议以及活动策划方面，朱先生大多时候都保持沉默，除非领导问他有什么观点和想法外，他往往扮演“闷葫芦”的角色。

在这些观点的影响下，他的工作开展起来还算顺利。然而，渐渐地，朱先生发现身边的同事与他交流的时间越来越少，无论是吃饭，还是周末的活动，很少有同事会主动邀请他参加，于是，他似乎开始与同事产生了距离。同时在一些项目的推广上，领导也不再了解张先生的看法，便直接就把任务交给他的下属负责了。眼看着在单位里工作也快将近两年了,与他一同上岗的同事,或跳槽,或晋升,而自己的职业发展仍然在原来的水平线上。是自己的能力较低?还是别的什么原因?朱先生感到困惑不已。

其实像朱先生这样“多做事、少说话”,的确是不会轻易被老板“炒”掉,因为他们不存在在公众场合抢上司风头的危险。可是,就职业发展而言,确实有着很大的阻碍因素。

可见,缺少沟通,同事会疏远你,上司会疏远你,甚至连你那份得心应手的工作也会疏远你,所以说,职场中的沟通是很有必要的。

善于沟通的人,首先要有自信的态度。一般事业相当成功的人士,他们不会唯唯诺诺或随波逐流,他们大都有自己的想法与作风,但极少与别人争执、辩解。他们对自己了解相当清楚,并且肯定自己。他们的共同点是自信,日子过得很开心,有自信的人常常是最会沟通的人。

乔·吉拉德说:“有两种力量非常伟大,一是倾听,二是微笑。”沟通的最好方法就是善用询问与倾听。询问与倾听的行为,主要用来控制自己,让自己不要为了维护权力而侵犯他人。尤其是在对方行为退缩、默不作声或欲言又止的时候,可用询问的方式引出对方真正的想法,了解对方的立场以及对方的需求、愿望、意见与感受,并且运用积极倾听的方式,来诱导对方发表意见,这样对方也会对自己产生好感。一位优秀的沟通好手,绝对善于询问以及积极倾听他人的意见与感受。

职场箴言

一个人的成功,20%靠专业知识,40%靠人际关系,另外40%需要观察力的帮助。为了提升我们个人的竞争力,获得成功,就必须不断地运用有效的沟通方式和技巧,随时有效地与他人接触沟通。只有这样,才有可能让你的事业更进一步。

08　结果比过程更重要

计划经济时代，国有企业往往强调吃苦耐劳的“老黄牛”精神。的确，在任何时代，我们都需要任劳任怨、勤勤恳恳的“老黄牛”精神。但也必须看到，在凡事讲效益的现代企业，光靠“老黄牛”那样低头做事已经远远不能达到要求了，“老黄牛”也要插上效率和效益的翅膀！

一天，张总安排了几乎完全相同的两个任务给小张和小王两位员工去完成。小张每天提早上班，推迟下班，连星期六、星期天都不休息，弄得心力交瘁，愁眉苦脸。但是，任务完成的结果却没有达到要求，张总对他非常很不满意，甚至对他严加批评。小王从不加班加点，只是每天把该做的事情都做好，每天报告给领导的都是好的进度与消息，领导对他总是笑脸相迎，经常表扬，最后将他提拔为部门主管。

在现代企业，领导重视能出业绩的员工的情况越来越普遍了。是老总偏心、不欣赏苦干的员工而只是欣赏“讨巧”的员工吗？其实并非如此。主要的原因是那些光知道苦干、很忙，却又不知自己在忙什么，也忙不出什么结果的人，越来越得不到企业的认可。

现代企业正越来越认可一个新的理念：做任何事情都要讲究效率和效益！不仅要努力去做事，更要把事情做成，做好！

“不重过程重结果，不重苦劳重功劳。”这是联想集团的核心理念之一。这个理念，在联想公司成立半年之后，就开始提出来，并始终加以强调。

联想刚刚创业的时候，大家都有对事业拼命的干劲和热情，但是，光有干劲和热情，并不能保证财富增加与事业的成功。当时就那么一点点的资金，如果没有用好，公司就有可能夭折、破产！这时，只是强调繁忙、勤奋、卖命、辛苦等，是远远不够的。不仅如此，商场如战场，如果缺乏智慧和方法，就可能给企业造成巨大的损失。后来，联想特别重视策略、方法。20 年的时间里，联想从几个“下海”的知识分子组成的公司，变为了一家享誉海内外的高科技集团。它之所以有后来这样大的发展，毫无疑问与这个核心理念密切相关。

以往我们经常听到某些人讲：“没有功劳还有苦劳。”苦劳固然使人感动，但在新的时代形势下，立下功劳的人，才有更好的发展！

福特被誉为“把美国带到流水线上的人”，之所以有这样的赞誉，是因为他发明了现代流水线作业的方式，从而大大提高了工作效率。福特是一个酷爱效率的天才，福特对效率、结果的高标准在业界皆传为美谈。他总是对手下训示：“工作一定要有更好的结果，工作一定要有更高的效率！”

多年前，美国兴起石油开采热。有一个雄心勃勃的小伙子，也来到了采油区。最初，他只找到了一份简单枯燥的工作，因此心里很不平衡：我那么有创造性，怎么能只做这样的工作？于是便去找主管要求换工作。

可是，主管听完他的话，只冷冷地回答了一句："你要么好好干，要么另谋出路。"

那一瞬间，他涨红了脸，真想立即辞职不干了，但考虑到一时半会儿也找不到更好的工作，于是只好忍气吞声又回到了原来的工作岗位。

回来以后，他突然有了一个感觉：我不是有创造性吗？那么为何不能就在这平凡的岗位上做起来呢？

于是，他对自己的工作进行了细致的研究，发现其中的一道工序，每次都要花39滴油，而实际上只需要38滴就够了。

经过反复的试验，他发明了一种只需38滴油就可使用的机器，并将这一发明推荐给了公司。仅仅这1滴油就给公司每年节省了上万美元的成本！

这位有创造性的年轻人就是洛克菲勒——美国最著名的石油大王。

在如今的企业里经常会出现一些毫无价值的"忙人"。他们每天在急急忙忙地上班、急急忙忙地说话、急急忙忙地做事，可到月底一盘算，却发现自己并没有做成几件像样的事情。他们往往以一个"忙"字作为自己努力的漂亮外衣，却没有想到，这种忙只能是穷忙、瞎忙，不会给自己和单位带来任何效益。

一个员工要想成就一番事业，必须从一开始就牢固树立目标意识，以实现结果为工作最终的、也是唯一的目标，绝不像驴子拉磨那样，一条道走到黑。

华人首富李嘉诚的名字可谓家喻户晓。他之所以能成为首富，也并非没有规律可循：从打工的时候起，他就开始树立做事只看结果的思维。

李嘉诚从十几岁开始就挑起了整个家庭的生活重担，他靠打工来维持生活。他先是在茶楼做跑堂的伙计，后来应聘到一家企业当推销员，主要推销洒水器。

从事推销工作首先要能跑路，这对李嘉诚来说一点也不难，因为以前在茶楼成天跑前跑后，早已练就了一副好脚板，最重要的还是怎样千方百计把产品推销出去。

有一次，李嘉诚去推销一种塑料洒水器，连走了好几家都无人问津。一上午过去了，一点收获都没有。如果下午还是毫无进展，回去将无法向老板交代。

尽管推销得不顺利，他还是不停地给自己打气，精神抖擞地走进了另一栋办公楼。他看到楼道上的灰尘很多，突然灵机一动，没有直接去推销产品，而是去洗手间，往洒水器里装了一些水，将水洒在楼道里。十分神奇，经他这样一洒，原来很脏的楼道，一下变得干净起来。这一来，立即引起了主管办公楼的有关人士的兴趣，一下午，他就卖掉了十多台洒水器。

在做推销员的整个过程中，李嘉诚都重视分析和总结。在干了一段时期的推销员之后，公司的老板发现：李嘉诚跑的地方比别的推销员都多，成交的也最多。从此，老板对李嘉诚格外赏识。纵观李嘉诚的奋斗历史，其实就是一个不断用方法来达到结果的历史。

因此，每位有志于成功事业的员工做任何事都应该格外重视工作的效率和结果。

许多企业提出了一个“新敬业精神”的理念。这一理念的核心，就是强调以效益为核心。从员工的角度来说就是，只有你为企业创造财富，企业才会给你财富；只有你为企业打造机会，企业才会给你机会！

职场箴言

做一个凡事讲究效率的“忙人”吧，这样的忙，才会有价值；做一个凡事讲究结果和功劳的人吧，这样，你才会赢得最快速度的发展，并得到最大的认可与回报。

09 就是完成了工作，也不要闲下来

只要你时刻力求上进，任何一段闲暇时间都可能成为你发展自己的机会，让你在公司中有所成就。

爱因斯坦在组织享有盛名的奥林比亚科学院时，每晚例会，他总是愿意和与会者手捧茶杯，开怀畅饮，边饮茶，边谈话。爱因斯坦就是利用这一段闲暇时间，与大家共同交流思想，把这些看似平常的时间利用起来。他后来的某些思想和很多科学创见，在很大程度上都源于这种饮茶之余的种种交流。如今，茶杯和茶壶早已成为英国剑桥大学的一项“独特设备”，以纪念爱因斯坦利用闲暇时间的创举。

凯里受聘于一家顾问咨询公司，他平均每年要负责150宗案件，而且，他的大部分时间都是在飞机上度过的。但凯里并没有把飞机上的时间当成是自己休息的时间，而是利用在飞机上的这段时间给自己的客户写邮件。在底特律机场上，一位等候提行李的旅客对他说："在将近三个小时的时间里，我注意到你一直在写邮件。就凭你的这种积极的工作精神，一定会得到老板的重用。"

凯里微笑着回答："我早已是公司的副总裁了。"

世界上有许多本可以建功立业的人，只因为把难得的时间轻松放过而默默无闻。

职场上，任何想要取得成就的人，必定拥有一颗积极向上的心态；拥有一个良好的工作习惯——变"闲暇"为"不闲"，热爱自己的工作，才能做出成绩。

时间可以毫无顾忌地被浪费，也可以被有效地利用。有人算过这样一笔账：一个人如果每天临睡前挤出15分钟看书，他的看书速度为中等水平，即每分钟能读300字，那么，15分钟他就能读4 500字，一个月读12.6万字，一年的阅读量就可以达到151.2万字。如果每本书平均约7.5万字，一年他就可以读20本书。这个数目是可观的，远远超过了世界上人均年阅读量。这做起来并不难。许多伟人之所以能流芳百世，一个重要的原因就在于他们十分珍惜时间，他们在一生有限的时间里，不但充分利用上天赐予他们的每一分每一秒，还善于把隐藏的时间找出来，一刻不停地工作、积累、进步。

把闲暇时间用来从事零碎的工作，可以最大限度地提高工作效率。比如在车上时，在等待时，可用于学习，用于思考，用于简短地计划下一个行动等。这样做，在短期内也许没有什么明显的感觉，但是长年累积，将会有惊人的成效。

在公司里，"即使完成了工作任务，也不要闲下来"是职场人士获得老板认同的最基本的工作态度。也许你认为自己有许多闲下来的理由："我之所以闲下来，是因为我的工作已经完成了""我做的一点儿也不比别人少,甚至还要比别人多”……可就实际的工作环境和人际关系而言,你的这些理由难以让人信服,实际上,只要你想工作,就一定有工作可做。

因此,不管你的工作有多顺利,哪怕是无所事事,也不要让自己闲下来。你应该像凯里那样充分利用“闲暇”的时间,再为自己安排一些工作。例如,你可以翻看一下自己客户的档案,看看有哪些客户很久没有联系过了,给他们发个邮件,打个电话,联络一下感情,为自己日后的进一步合作做铺垫。你还可以翻看一下自己以往的工作日记,看看是否所有的目标都有已达到,还需要向别人学习些什么,以使自己的工作领域得到扩大和充实。你还可以留意一下关于工作的各方面的新情况,或许在不知不觉中,你就会找出一个业绩的新方向……

工作的潜力很大,成绩的潜力也很大,只要你时刻力求上进,任何一段闲暇时间都可以为你争取到发展的机会。

10 问问自己是否竭尽全力

世上没有做不成的事,只有做不成事的人。一个真正想成就一番事业的人,志存高远,不以一时一事的顺利和阻碍为念,也不会为一时的成败所困扰,面对挫折、困难,必然会发愤图强,竭尽全力,去实现自己的理想,成就功业。

世界上没有不能解决的难题,只有不够努力造成的失败和遗憾。在日本经济界,土光敏夫这个名字可谓人尽皆知。他在重整东芝公司时,遇到了资金不足的困难。当时正是战后,想要筹集够资金可不是一件容易的事。他去银行申请贷款,但主管贷款的部长对他十分冷淡。经过他的不断努力，部长的态度才稍微有所好转，但对贷款问题却始终不松口。

这一天终于到来了——如果在两天内仍然没有资金投入，那么，公司将不得不全线停工。士光敏夫决定破釜沉舟：“想尽一切办法迫使部长就范！”

他让秘书给他找了一个大包，在街上买两盒盒饭放在里面，然后赶到银行。一见部长，他就开始软磨硬磨，希望给他贷款。但对方仍旧不松口。

双方又展开了一场舌战，不知不觉已接近下午下班的时间了。当营业部的下班铃声拉响时，部长如释重负，提起公文包准备回家吃饭。

不料士光敏夫却从袋子里拿出两只盒饭：“部长先生，我知道你工作辛苦了，但是为了我们能够长谈，我特意把晚饭准备好了。希望你不要嫌弃这寒酸的盒饭。等我们公司好转后，我们再感谢你这位大恩人。”

面对他这份“无赖劲儿”，部长真是无可奈何。但也正是他表现出的这份坚毅，使部长产生了对他贷款的信心，最终批准了他的贷款申请。

我们之所以说事情艰难，主要是没有尽到最大努力！或者表面上可能已经尽力了，实际上并没有把全部潜力发挥出来！所以，面对问题和困难的时候，永远不要先说它难，而要先问一问自己：我是否已经尽了最大的力量?

人之所以无法“竭尽全力”,主要是因为“我已尽力”的假象——我已经做到做好了,再也无法往前走一步了。

24 岁的海军军官卡特,应召去见海曼·李科弗将军。在谈话中,将军让卡特挑选任何他愿意谈论的话题。然后,再问卡特一些问题,结果每次将军都将他问得直冒冷汗。

终于卡特开始明白:自己自认为懂得了很多东西,其实还远远不够。结束谈话时,将军问他在海军学校的学习成绩怎样,卡特立即自豪地说:“将军,在 820 人的一个班中,我名列 59 名。”

将军皱了皱眉头,问:“为什么你不是第一名呢,你竭尽全力了吗?”

此话如当头棒喝,影响了卡特的一生。此后,他事事竭尽全力,后来成为了美国总统。

竭尽全力,就是不给自己任何偷懒和敷衍的借口,让自己经受生活最大的考验。

有些问题的确非常顽固,可能使用了许多办法仍无法解决。于是有人便认为这是一个根本解决不了的问题,再去努力也是白搭。其实,当你真正经过一番努力奋斗,就会知道所谓“难”,其实只是你自己的“心灵桎梏”。只要不断努力,就会不断开发身上的潜能。努力不够,你当然不知道自己的潜能到底有多大。

职场箴言

从“我已尽力”的假象中把自己解放出来吧!再努力一把,你会发现你还有许多没有开发出的潜能。

第五章

找对方向做对事

看清楚自己的能力，先为自己来个明确的定位，看清自己前进的方向，选择适合自己的正确的事去做，并付之行动，成功就会提前到来。成功是可以学习的，但方向至关重要。方向比速度更优先。

01　做正确的事比正确地做事更重要

生活中最聪明的人不是那些只知道把事情做好的人，而是知道该做什么事的人。所以确定哪些事情该做，哪些事情不该做，也就确定了你整个人生的蓝图。

行走在职场上，出现问题是在所难免的。解决问题的关键首先就是要做正确的事，否则就可能会事倍功半，甚至根本就是在做无用功。

有这样一个故事：有一天，动物园管理员发现袋鼠从笼子里跑出来了，于是开会讨论，一致认为是笼子的高度过低。所以他决定将笼子的高

度由原来的10米加高到20米。结果第二天他发现袋鼠还是跑到外面来,所以他又决定再将高度加高到30米。没想到隔天居然又看到袋鼠全跑到外面,于是管理员大为紧张,决定一不做二不休,将笼子的高度加高到50米。

一天,长颈鹿和几只袋鼠们在闲聊:“你们看,这个人会不会再继续加高你们的笼子?”长颈鹿问。

“很难说,”袋鼠说,“如果他再继续忘记关门的话!”

显然,动物园的管理员开了一个错误的会,做出了一个错误的判断,拿错了钥匙,也就当然不可能真正解决问题。

一群伐木工人走进一片丛林,开始清除矮灌木。当他们费尽清除完这一片灌木林,直起腰来,准备享受一下完成一项艰苦工作后的乐趣时,却猛然发现,这块丛林旁边还有一片丛林,那才是需要他们去清除的!

工人们也许只需要在伐木之前简单地判断一下,确定自己砍伐的丛林就是需要清除的,就不会费尽千辛万苦,结果却做了错误之事。

一个山头的狮王接到熊猫的报告,报告说狼非常凶残,经常欺负弱小动物。弱小动物已被它吃掉了不少,有的连骨头都没有留下。

狮王听后大怒,立即签发了一个文件,严厉指出:狼如果不痛下决心改正错误,一定严惩不贷。

不久,狮王又接到羊的告状信,信中说,狐狸时常玩弄狡猾的伎俩,以各种名目敲诈它们,一会儿要收青苗种养费,一会儿要收泉水保护费,一会儿要收空气清洁费,一会儿要收山地使用费……再这样下去,羊们就生活不下去了。

狮王暴跳如雷,愤怒无比:“再发个文件,严肃处理!一定要严肃处理!”

狮王的文件发了一个又一个,但狼依旧在欺凌弱小动物,狐狸也照样在勒索羊的钱财。

狮王非常苦恼地向猩猩博士请教:“我的态度够坚决的了,为什么这些家伙还是这么大胆呢?”

猩猩博士反问道:“这个问题还需要我来回答吗?”

狮王虽然签发了文件,但是却没有付诸实践。成功的关键不只在于想法,更在于方法。工作中也是如此,做正确的事比正确地做事更有效。我们在工作中要想有所成就,就应做正确的事,使工作得到有效的执行。

当一个人觉得某件事情没有意义、不值得去做时,往往会有一种敷衍了事的态度。这不仅使得成功的几率很小,而且就算侥幸成功,自己也不会有丝毫的成就感。对此,“不值得定律”做出了最直观的表述:不值得做的事情,就不值得做好。

因此,对每个人来说,都应该为最喜欢的事业奋斗。“选择你所爱的,爱你所选择的”,只有这样才可能激发我们的意志,为自己喜欢的事业努力奋斗。

一般来说,人们更倾向于从事自己有独特天赋的事情,做自己有天赋的事情会让你产生激情并获得十足的成就感。

卡斯帕罗夫15岁获得国际象棋的世界冠军,单用刻苦和方法正确很难解释这一点。大多数人在某些特定的方面都有着特殊的天赋和良好的素质,即使是看起来很笨的人,在某些特定的方面也有超出其他人的杰出才能。

大画家凡·高各方面都很平庸,但在绘画方面是个天才;爱因斯坦当不了一个好学生,却可以提出相对论;柯南道尔作为医生并不出名,写小说却名扬天下……

每个人都有自己的特长和天赋,从事与自己特长相关的工作,获取成功就会更容易一些,否则,就会埋没自己的才华。当发觉工作不适合自己时,不如寻找适合自己的工作。

阿西莫夫是一个科普作家,同时也是一个自然科学家。一天上午,他在打字机前打字的时候,突然意识到:“我不能成为一个第一流的科学家,却能够成为一个第一流的科普作家。”于是,他几乎把全部的精力放在科普创作上,终于成了当代世界最著名的科普作家。

伦琴原来学的是工程科学，在老师孔特的影响下，他做了一些有趣的物理实验。这些试验使他逐渐体会到，物理才是最适合自己的事业，后来他果然成了一名卓有成就的物理学家。

“正确地做事”与“做正确的事”是有本质区别的。“正确地做事”是以“做正确的事”为前提的，如果没有这样的前提，“正确地做事”将变得毫无意义。首先要做正确的事，然后才存在正确地做事。正确做事，更要做正确的事，这不仅仅是一个重要的工作方法，更是一种很重要的管理思想。任何时候，对于任何人或者组织而言，“做正确的事”都要远比“正确地做事”重要。

职场箴言

要想成功，就必须使工作具有重要的意义，而这首先要做出正确的选择。

02　目标正确比做事正确更重要

故事发生在美国鞋业大王——实业家罗宾·维勒的工厂里。当时，罗宾的事业刚刚起步，为了在短时期内取得最好的效果，他组织厂里的一个研究班子，制作了几种款式新颖的鞋子投放市场。结果订单纷至沓来，工厂生产忙不过来。

为了解决这个问题，工厂想办法招聘了一批生产鞋子的技工，但还是远远不够。如果鞋子不能按期生产出来，工厂就不得不给客户一大笔赔偿。

于是罗宾召集大家开会研究对策。主管们讲了很多办法，但都行不通。这时候，一位年轻的小工举手要求发言。

“我认为，我们的根本问题不是要找更多的技工，其实不用这些技工也能解决问题。”

“为什么？”

“因为真正的问题是提高生产量，增加技工只是手段之一。”

大多数人觉得他的话不着边际，但罗宾很重视，鼓励他讲下去。

他怯生生地提出：“我们可以用机器来做鞋。”

这个从来没有人考虑的做法立即引起大家的哄堂大笑：“孩子，用什么机器做鞋呀，你能制作这样的机器吗？”

小工面红耳赤地坐下去了，但是他的话却深深触动了罗宾，他说：“这位小兄弟指出了我们的一个思想盲区：我们一直认为我们的问题是招更多的技工，但这位小兄弟却让我们看到了：真正的问题是要提高效率。尽管他不会创造机器，但他的思路很重要。因此，我要奖励他 500 美元。”

500 美元可是一笔不小的奖金，相当于小工半年的工资。但这笔奖励是值得的。老板根据小工提出的新思路，立即组织专家研究生产鞋子的机器。4 个月后，机器生产出来了，世界从此进入到用机器生产鞋子的时代。罗宾·维勒也由此成为美国著名的鞋业大王。

罗宾·维勒在自传中谈到这个故事时，特别强调说：“这位员工永远值得我感谢。这段经历,使我明白了一个十分重要的道理:遇到难题,首先是对问题进行界定。假如不是这位员工给我指出我的根本问题是提高生产率而不是找更多的工人,我的公司就不会有这样大的发展。”

人在年轻时,对事物的变化比较敏感,能够抓住有利于自己发展的机遇。再加上事业心、干劲,成就一番事业,就比较容易了。青年人要找准方向,不怕困难和起伏,埋头苦干,一定能作出成绩来。

有这样一个小故事:

有一次,一只鼬鼠向狮子挑战,要同它决一雌雄。狮子果断地拒绝了。

“怎么,”鼬鼠说,“你害怕吗?”

“非常害怕,”狮子说,“如果答应你,你就可以因此得到曾与狮子比武的殊荣;而我呢,以后所有的动物都会耻笑我竟和鼬鼠打架。”

这是一只聪明的狮子,因为它非常清楚,与老鼠比赛的麻烦在于:即使赢了,你仍然是一只“老鼠”。一般情况下,对于低层次的交往和较量,大人物是不屑一顾的,就像一个优秀的武士,是不会与一个蟊贼公开决斗的。

其实,生活中最聪明的人往往是那些知道做正确的事情的人,他们对无足轻重的事情无动于衷,很清楚自己该做什么,不该做什么,知道做哪些事可以改变自己的命运,也知道做哪些事只会消耗青春。这样的人对那些较重要的事物无一例外会感到兴奋,同时也善于把无关紧要的事情搁在一边。

管理大师彼得·德鲁克曾在《有效的主管》一书中简明扼要地指出:“效率是‘以正确的方式做事’,而效能则是‘做正确的事’。效率和效能不应偏废,但这并不意味着效率和效能具有同样的重要性。我们当然希望同时提高效率和效能,但在效率与效能无法兼得时,我们首先应着眼于效能,然后再设法提高效率。”

这是一段非常经典的论述。在这段论述中,彼得·德鲁克提出了两组并列的概念:效率和效能,正确做事和做正确的事。在工作中,人们关注的重点往往都在于前者:效率和正确做事。但实际上,最重要的、也是最关键的却是效能而非效率,是做正确的事而非正确地做事。正如彼得·德鲁克所说:“对企业而言,不可缺少的是效能,而非效率。”

“正确地做事”强调的是效率,其结果是让我们更快地朝目标迈进;“做正确的事”强调的则是效能,其结果是确保我们的工作方向正确,是在坚实地朝着自己的目标迈进。换句话说,效率重视的是做一件工作的最好方法,效能则重视时间的最佳利用——这包括做或是不做某一项工作。

其实,生活中有很多人终其一生都在埋头苦干,但成功与否并不在于你有多么宏伟的蓝图,而在于你是否选择了正确的目标。目标错了,你的人生无异于南辕北辙,你的青春和汗水只能被浪费。这样的人,自然少不了懊恼和抱怨。

麦肯锡资深咨询顾问奥姆威尔·格林绍曾指出:“我们不一定知道正确的道路是什么,但却不要在错误的道路上走得太远。”这是一条对所有人都具有重要意义的告诫,他告诉我们一个十分重要的工作方法,如果我们一时还弄不清楚“正确的道路”在哪里,最起码,那就先停下自己手头的工作吧!

职场箴言

许多时候,树立正确的目标比做事正确更重要。生命是短暂的,目标正确是“延长”生命的最好办法。不要任意挥霍你的精力和时间,把它们用在正确的地方吧。

03 当面前摆有两条路时，你要选择第三条

在你的工作和生活中，可能会遇到这样的情形——摆在面前的只有两条道路：要么这样做，要么那样做。

但是，无论你选择其中的哪一条，都会有不好的结果和影响。

这就是我们经常所说的“两难”选择。两难问题是所有问题中，受限制最大、最难解决的问题。因为无论选择哪一种，都有利有弊，处于进退维谷的困境。

这时候，我们该怎么办？“当两条路摆在你面前时，学会选择第三条。”“非此即彼”的选择，未必是最好的选择。而对第三条道路的选择，可能是最好的选择。

有人曾经出了一个游戏题目：“如果把你关在一间没有窗户而且很坚固的房子里，再把门锁好，不给你饭吃，不给你水喝，你如何从房子里走出来。”

许多人绞尽脑汁也没有想出合适的办法，最后一个 7 岁的小孩儿轻松地回答了这个游戏，他说：“我不玩了。”

结果就这么简单。

如果我们顺着一种思维方式去考虑问题，往往不得其解，但如果沿着相反的方向去考虑，反而豁然开朗，找到了解决的方法。

每个员工要想开辟达到成功的第三条路，必须敢于打破思维的条条框框，敢于创新。

著名科学家诺贝尔曾说过：凡是能够成功打破常规的，都能在人生之路上赢得成功。很多时候，我们没有达到既定目标，只是因为我们心中有

一种局限,不能突破自我。

在工作中,其实有很多条条框框的规则在束缚我们的思维。而很多时候,我们却没有意识到这一点,将其视为理所当然。于是,许多员工独特的创新被抹杀,认为自己无法成功。

李·艾柯卡说:“不创新,就死亡。”在这个以新求胜、以新求发展的时代,作为一名员工,要想达到自己的目标,就不能局限自我,要敢于在工作中创新,打破常规,开辟自己的第三条路。

20 世纪 50 年代初,美国某军事科研部门着手研制一种高频放大管。科技人员都被高频率放大能不能使用玻璃管的问题难住了,研制工作因而停滞不前。后来,由发明家约克逊负责的研制小组承担了这一任务。上级主管部门在给约克逊小组布置这一任务时,鉴于以往的研制情况,同时还下达了一个指示:不许查阅有关书籍。

经过约克逊小组的共同努力,终于制成了一种高达 1 000 个计算单位的高频放大管。在完成任务以后,研制小组的科技人员都想弄明白,为什么上级要下达不准查阅书籍的指示?

于是他们查阅了有关书籍，结果让他们大吃一惊，原来书上明明白白地写着：如果采用玻璃管，高频放大的极限频率是25个计算单位。“25”与“1 000”，这个差距多么惊人啊！

后来，约克逊对此发表感想说：“如果我们当时查了书，一定会对研制这样的高频放大管产生怀疑，就会没有信心去研制了。”

具有创新能力的员工具备可以出色完成工作的技能和素质，他们能不断探索，找到创新与实践的最佳结合点，从而让创新焕发出生命力。

几乎所有在工作中取得成果的员工，他们一般都不从常规去考虑问题，而是从创新的角度去考虑。这种敢于突破、敢于创新的员工，常常是企业迫切需要的。因为员工的创新力的高低，很大程度上决定着企业创新力的高低，而企业的创新力，又决定着企业的竞争力。

1999年，一位年轻男子进入美国某大电机制造公司的费城营业所，他的名字叫桑迪亚。进入公司后，桑迪亚就决心把自己的工作做好。他不计较其他的推销员的推销比他多或少，只顾全心全意地做自己应做的事——到商店销售更多的收银机。

他的工作干起来并不轻松，在商标意识相当浓厚、形成连锁经营的超级商场上，要说服人们去购买一种名气不大的公司的产品，当然不是一件容易的事。

经过苦思冥想，桑迪亚设计出一种新的营销战略：他锁定几家连锁商店的特约经销处，过一段时间他就定期巡访各家商店，拟定各种展示方法。与此同时，对于连锁店的各直销店，他积极展开销售工作。

许多连锁商店对于桑迪亚的新方式和服务相当满意，各店的销售量不断增加，所以他们也对桑迪亚渐生好感。过去没有销售过这种收银机的商店，现在也开始向桑迪亚订货了。采用新形式的商店越来越多，桑迪亚的销售业绩因此直线上升，一跃登上公司销售冠军宝座。

纽约的总公司对这个年轻人甚为关注。公司的销售主管赶到费城，实地调查原因，当他听了桑迪亚的说明后，对他的创造性相当佩服并加以肯定。不久，桑迪亚被调到总公司，成为公司销售部的营销总监。

同样一项工作,有的员工可以十分轻松地完成,而有的员工却时不时出现这样那样的问题。因为,优秀员工的工作方式是用大脑工作。用大脑工作的员工会考虑如何用最低的成本、最少的时间把工作结果做得更好。

在一家建筑公司为一栋新楼安装电线的工地上,安装工人正要把电线穿过一根10米长、直径只有3厘米的管道,而且管道是砌在砖石里,并且有6个弯道。他们开始感到束手无策,显然,用常规方法很难完成任务。

正在这时,一位爱动脑筋的年轻装修工想出了一个非常新颖的主意,他立即到附近的动物市场上买来两只小白鼠,一公一母。然后,他把一根线绑在公鼠身上,并把它放在管子的一端,另一名工作人员则把那只母鼠放到管子的另一端,并轻轻地捏它,让它发出吱吱的叫声。公鼠听到母老鼠的叫声,便沿着管子跑去找它。它沿着管子跑啊跑,身后的那根线也跟着它跑啊跑。就这样,穿电线的难题顺利得到解决了。这位爱动脑筋的装修工,也因为善于解决问题得到老板的赏识。

能够不断创新的员工,就能在遇到困难的时候独辟蹊径,找到解决问题的方法。当你尝试从不同的角度来看事物时,创新的智慧会让你得出独到的策略,这将有助于你更好地工作。

因此,工作中仅有努力是远远不够的,还要学会思考,学会用思维工作。在工作中遇到难以逾越的困难时,员工的心不要被限定死,要多动脑,多思考,寻找第三条路,这样才能最快最好的达到结果。

职场箴言

在工作与生活中,当我们面临"两难"问题时,应该学会以"两全其美"的方式去处理,要思考是否有第三种方式或道路。

04 做错了比没有做要好100倍

一座寺院里住着一位老和尚以及他的一帮虔诚的弟子。

一天,他嘱咐弟子们每人去南山打一担柴回来。弟子们匆匆行至离山不远的河边,人人目瞪口呆。只见洪水从山上奔泻而下,无论如何也休想渡河打柴了。所有的弟子都无功而返,一副垂头丧气的样子,唯独有一个小和尚高兴地从怀中掏出一个苹果,递给师父说,过不了河,打不了柴,见河边有棵苹果树,我就顺手把树上唯一的一个苹果摘来了。

后来,这位小和尚成了师父的衣钵传人。

这个故事告诉我们:一个差的结果总比没有结果强!做错了总比没有做要好上100倍!

几乎每一个员工都想在工作中一展身手,去承担重责,做一些别人不愿意做或不能做的事情,解决一些别人无法解决的难题,可总是担心会出错,结果陷入进退两难的境地。怕出错使很多人即使有了表现的机会也不敢动手去做。

其实,工作中犯错误是避免不了的。任何工作,哪怕是做了许多年而非常熟练的机械性的工作,也难免出错。一个员工怎么能因为怕出错就什么都不做呢?

有一个孩子在路上捡到一只小麻雀,欢天喜地拿着往家赶,到了家门口,突然想起母亲不喜欢这类小东西进房间,于是就将小麻雀藏在家门口外,进屋去请示。当孩子得到允许去拿他的宝贝时,小麻雀已经落入猫的嘴里了。

有些员工怕做错主要是怕担责任。事实上,工作本身就意味着责任。承担责任不仅是必须的,也是一份荣耀。承担的责任多,是因为你有承担的能力。

曾国藩曾经心有体会地说:“名满天下,谤亦随之。”因为怕噎着而不吃饭,就会饿死。因为怕犯错而不做或少做工作,就永远也不会有进步,最后只能成为一个人云亦云、混迹职场的庸才。

美国总统克林顿的就职演讲中曾有这样一段话:“正处于鼎盛时期的美国重视并期待每个人担负起自己的责任。鼓励人们勇于承担责任不是让人们充当替罪羊,而是对人的良知的呼唤。虽然承担责任意味着牺牲个人利益,但是你能从中体会到一种更加深刻的成就感。”

企业需要每个人恪尽职守,担负起自己应当承担的责任,做好每一个细节,这样企业才有希望。不勇敢地去尝试,不愿主动地去承担责任,看上去你可能没有损失什么,但实际上你是在原地踏步。

现代企业的领导经常鼓励员工犯错,因为只有这样,才能不断地总结经验教训,才能激发员工的创造力。当你勇敢地面对工作中的问题时,你失去的是狭隘的自我;当你解决了这些问题,你就会感觉到自己在逐渐成长,并从中体会到成功的美好。即使是失败,你也会从中学到很多有用的东西。

艾顿公司董事长布隆尔的人生观是“70 分主义”。他认为:“100 分主义无法再发挥潜能,若以 70 分为起点,则成就肯定不止 100 分。”

他曾在一篇演讲中阐述:“只要能成功,失败无所谓。谨慎行事可能没有失误,但充其量最多也只能有50%的效果。若对每件事只有70%的把握就去做,则集合各件事的效果,成就就不止50%了。”

爱默生说得好:“要去某一地点,可以有20条道路,其中有一条是捷径,不过还是立刻踏上其中的一条吧!”

许多员工与其说是因为恐惧而不去行动,毋宁说是不去行动而导致恐惧。

西点的游泳救生训练中,有一个学生最害怕的动作就是:穿着军服、背着背包和步枪,从近10米的高塔上跳下游泳池,然后在水中解开背包、脱掉皮鞋和上衣,把这些东西绑在临时的浮板上。

尽管对每一个动作,学员们事前都反复演练过,但是真到了要往下一跳的那一刻,大部分学生还是会迟疑,走到跳板尽头之后就会停下来。当然,退缩是绝不允许的,否则将被勒令退学。所以,尽管犹豫,学生们最终还是会纵身一跳。

每一个学员都反映,成功跳出那一步的兴奋是无可言喻的。学员学会了抛开自以为通过思想能够控制一切的假象,体验到行动就能够产生信心。

罗文怎么样才能把信送到加西亚的手中?拿到信就行动,有行动才有结果。没有行动,结果永远都不可能实现。

“凡是决定了的,就是对的。”这是《麦当劳七大方针》中的最后一条,也是麦当劳方针中最重要的一条。

一个想获得成功的人眼中应该只有目标,而没有“失败”或是“不可能”之类的借口。被困难吓倒,自己都认为无望的人,是不可能拥有成功的。

小李与小刘是两个很有梦想并富有创造力的青年,他们同时进了一家集团公司,分在不同的分公司工作。

这是一家特别重视创造性的公司,公司的董事长总是在各种场合强调“员工的创造性是公司的最大财富”。两位年轻人能进入这样的公司,真是如鱼得水,可以在这里大展宏图、创造非凡业绩了。

然而,一年后进行工作总结时,两人却受到了不同的待遇。小刘因为成绩突出受到了高度表扬和奖励，小李却因为业绩平平，受到了批评。

其实，刚进公司时，小李给大家留下的印象更好一些。因为他脑子比小刘更活、思维更敏捷、学识更广博，但为什么到头来却做得不如小刘好？

人事部的领导对两位员工进行了研究分析后发现：一年来，两人都想把自己的创造性贡献给公司，也都很努力，唯一的区别是：小刘如果有了一个好的想法，便立即行动起来，即使要实现这一想法的条件不具备、会遇到困难，他也会想尽办法毫不犹豫地去做。而小李，尽管脑子里有很多想法，但总是停留在构思阶段，或者一旦付诸实践而遇到问题时，他就立刻放弃，改换另一个想法。这样一来，尽管好想法不少，却没有一个能真正实施。

于是，人事部的领导找到小李，并语重心长地对他说："小李，人一旦有好的想法，就应该尽快付之行动，即使做错了，也比不去做要好！"

一个人做得越多，出错的机会就越多，但我们成功的希望也就越大，因为我们可以通过反思总结，改正错误，达到结果。如果我们什么都不做，自然不会有任何错误，但这也绝不会有任何结果。

职场箴言

作为员工应该明白，在工作中只要勇于去做，哪怕做错了，也总比待在原地不动要好100倍。

05　现在不做相当于永远不做

从0到1的距离，常常大于从1到1000的距离。做任何事，勇于走出第一步最为重要，许多人之所以不成功，往往是由于他们总是站在起点上，在门外徘徊太久。

说一千道一万，不如一次勇于“跳下去”的行动！做任何事，勇于开始最为重要。

首先，我们要知道，早起的鸟儿有虫吃。人生是短暂的，要做就得立即做。早一点动手，早一点起步，就早一点获得成功。

晋代大书法家王羲之，12 岁时在父亲的枕头下发现有前人写的《笔论》，便偷偷地拿来读，父亲说：“不要性急，等你长大了，我会教你的。”

可是王羲之却回答说：“学习是不能等待的，就像走路一样，不停地走，才能前进。等我长大了，再教就恐怕太晚了。”在这种精神的支配下，王羲之长期坚持勤学苦练，其书法艺术终于达到了炉火纯青的境界，被后人尊为“书圣”。

时间有限，生命有限。我们所能做的就是在有限的时间和生命里尽早起步，只有这样后面才会有更大的发展！

其次是差不多就去做，不在起点耽搁。做任何事，勇于开始最为重要。

除非开始行动,否则你到不了任何地方,达不到任何目标。赶快行动,否则今日很快就会变成昨日。如果不想悔恨,就赶快行动。行动是消除焦虑的良方。崇尚行动的人从来不知道烦恼为何物,此时此刻是做任何事情的最佳时刻。

最后,你要相信,“立即就做”会产生奇迹。许多事情的难度,都由于我们的犹豫和摇摆加大了。事情并没有我们想象得那么艰难,只要我们马上去做,就可能产生出乎意料的奇迹。

史东是美国保险公司的创始人之一,他觉得对自己一生影响最大的一句话,就是妈妈逼他遵守一个行为习惯——立即就做!

从卖报纸的时候起,他就一直遵守“立即就做”的准则。后来,他通过推销保险,训练了一批非常优秀的保险队伍,并成了一个百万富翁。

一天,史东听到一个消息:因为经济大萧条,曾经生意兴隆的宾夕法尼亚伤亡保险公司发生了危机,已经停业。该公司属于巴尔的摩商业信用公司所有,他们决定以 160 万美元将这家保险公司出售。

史东苦思冥想,终于想了一个不花自己一分钱就得到这家保险公司的主意。这个想法实在太美妙了,美妙得让他不敢相信,所以,他决定:“立即就做!”

于是,他马上带领自己的律师,与巴尔的摩商业信用公司进行谈判:

“我想购买你们的保险公司。”

“可以,160 万美元。请问你准备好钱了吗?”

“没有,但是我可以向你们借。”

“什么?”对方几乎不相信自己的耳朵。

史东说:“你们商业信用公司不是向外贷款吗?我有把握将保险公司经营好,但我得向你们贷款来经营。而购买者分工负责的唯一理由,就是自己拥有一帮出色的保险推销员,所以我们一定能经营好这家保险公司。”

经过调查后,商业信用公司对史东的经营才能很有信心。于是,史东没有花一分钱,就拥有了一家自己的保险公司。之后,他将公司经营得十分出色,成了美国很有名的保险公司之一。

停留在想法的阶段永远不可能有所成就，只有立即行动才能获得成功。所以，只要有好的想法，哪怕它看起来很荒谬，都应该立即付诸实践，说不定奇迹就等在你的前面！

职场箴言

让我们记住《福布斯》杂志创立者福布斯的名言："做正确的事情，把事情做好，立即做！"

06 如果障碍难以逾越，就改变行进的路径

工作目标的调整，实际上是一种动态调整，是随机转移。当发现自己原来确定的工作目标与自己的条件及时间、环境等客观因素不相适合时，就要改弦易辙，另择其他路径，硬钻牛角尖是不可取的。

工作目标是一个员工未来工作生活的蓝图，它是员工工作的行动指南。有了目标做导向，就会发现那些与工作目标毫无相关或者阻碍了工作目标实现的事情，毫不犹豫地将其抛掉，你的工作会更加有成效。

制定适合的工作目标不是件容易的事情，往往需要经过多次调整才能找到适合自己前进的方向。选择适合的目标十分重要，适合的目标能推动我们快速走向成功；不合适的目标，会导致南辕北辙，离我们的目的地越来越远。

在职业生涯中，对于自己确定的目标，应把握好坚持与放弃的分寸。

如果原定的工作目标与自己的性格、才能、兴趣明显相悖，目标实现的概率相对较低，这就需要对目标适时地调整。要及时捕捉新的信息，确定新的、更易成功的主攻目标。

扬长避短是确定工作目标、选择职业的重要方法。在人类历史上,大量人才成败的经历证明,大多数人只是在某一方面具有良好的天赋和能力,因此,每个人应根据当前形势的变化,自身的优势,适时调整不适合的工作目标。

实际上,制定一个合适的工作目标,就等于达到了工作目标的一部分。工作目标一旦定好了,成功就会容易得多。所以,人人都要学会制定、调整工作目标。

制定合适的目标首先要明确实现目标的动机。这是因为实现人生目标需要强大的、永不枯竭的动力。而要有这种动力,就要先有正确的动机,即要明了"为什么要这么做"。动机让人在艰难的时刻保持坚定的意志,让人的内心燃烧"肯定"的火焰,从而克服外在的各种障碍。

俗话说得好,"人怕入错行"。选错了目标的人会浪费大好时光。许多人碌碌无为,就在于他们没有树立正确的人生价值观,没有正确的人生奋斗目标,以致经常做一些毫无意义的事。唯有目标和价值观完全正确,才能使人的心灵得到欣慰和满足。

想要创造出一番不平凡的业绩,唯一办法就是按照自己的价值观确定工作目标。一切正确的决定,都植根于明确的价值观。成功的工作目标是价值观的灿烂之果。

因此,每位员工在确立目标时,应审慎分析,充分考虑。一旦认为目标切实可行,具备成功的可能性,就要矢志不渝地朝着这一目标去坚持,并且不论遇到多大困难都要义无反顾、坚持到底,这样就必定能成功;另外,意识到目标不正确时,为了使目标更有意义,更切实际,更有可能实现,应及时调整工作目标,必要时就要适时放弃。

不懂得放弃,也是一种灾难。这种人必将为物欲的贪求所累,一无所成。

一位著名的哲学家说过这样一句话:"人类所犯的愚蠢的错误中,最常见的一种就是,他们常常忘记他们所应该做的事情是什么。"反过来讲就是,一个人要想成功,在"有所为"之外,还需要具备"有所不为"的智慧和修养。即了解自己,做自己应该做的事,对不应该做的和暂时不应该做的事要懂得“放弃”或“暂时放弃”,这是职场运行的一个重要法则,也是衡量一个人目光是否远大的一个重要标准。成功人士追求事业发达和个人利益的方式往往是迂回曲折的。所谓“迂回曲折”,就是他们往往首先暂时放弃眼前的、短期的利益,而为获得更好的发展空间和更大的成功而努力奋斗。

职场中,很少有人能够做到“有所不为”,他们认为放弃是怯懦的表现,抓住每一份利益不放手,什么都想干,什么都不想放弃,结果什么也干不好。正如一位成功者所说:“不懂得放弃,也是一种灾难。这种人必将为物欲的贪求所累,一无所成。”

职场箴言

当你选择为某项事业奋斗时,不要斤斤计较当前的名利,做一些适当的放弃吧。必要的放弃绝不是软弱,而是一种策略,它会为你谋取更大的成功。记住,有时放弃也是明智的抉择。

07 办法,要想才会有

我们之所以不成功,就在于对问题屈服,无端地将问题放大,把自己看轻。其实,只要你努力去想,就一定会找到解决问题的办法。

一句“没办法”,我们似乎为自己找到了不做的理由,但也正是这句“没办法”,浇灭了很多的创造之火,阻碍了我们前进的步伐!

真的是没有办法吗?事实并非如此,只是我们根本没有好好的动脑筋去想。只要我们用一种大的视野,一种综观全局的胸怀,来看待职场和商场;用一种灵动多变的思考方式,一种随机应变的智慧,去分析判断问题,就没有解决不了的问题。

春节放假前夕,有一个老板想给每位员工的妈妈买一份礼物,于是就走进了公司附近的一家很有信誉的药店。

老板看中了一种补血剂,但没想到这里只有两盒了。他很着急,就对售货员说:“两盒根本不够,你能不能到总部进点?”

售货员告诉这位老板,要三天以后才能拿到货,因为第一天报上去,第二天才能够进仓库,第三天才能送货。

可是,老板的员工下午就要回家探亲了。于是,老板又问:“能不能早一点呢?”

售货员摇了摇头。老板一看这情形,立马就火了,他很气愤地说:“你们这家药店是一家有着多年历史的很有信誉的老店,现在顾客急着要货,你们怎么就不能想想办法?”

售货员看老板急了,都面面相觑。这时,一位姓王的女售货员说:“我们可以给附近的其他分店打个电话试试,如果他们有货,我们先向他们借,三天后再还。”电话打通后,问题解决了。

这只是生活中发生的一件极小的小事,但也充分说明:办法要想才会有。

内蒙金河集团董事长王东晓说:“人的一生,是不断遭遇问题并与问题进行战斗的一生。问题会无穷无尽,假如我们不主动找方法解决,我们根本不会打赢这场‘战争’。”

遇到问题,你是否始终坚定不移地相信会有更好的方法出现,在很大程度上取决于你是否有一种良好的心态。想办法是想到办法的前提。如果不动脑筋思考,就算是天才,面对问题也会一筹莫展。所以,办法是在想的过程中产生的,它不会凭空而出。

2001 年北京申办奥运会成功,全国上下一片沸腾。大家不仅为中国的国力得到承认而高兴,而且也为北京得到这样一个经济发展的机会而自豪。但是,在 1984 年以前,奥运会并不是每个国家都想争取的香饽饽,敢于申办奥运会的国家也没有几个。因为在相当长的一段时间内,举办奥运会都是赔钱的,就像苏联举办的莫斯科奥运会,曾亏损了很大一笔资金。

1984 年的美国洛杉矶奥运会是一个转折。这次奥运会,美国政府不但没有掏一分一文,反而赢利 2 亿多美元,创下了世界的奇迹。而创造这一奇迹的是一个商人,名叫尤伯罗斯。开始时,他并不愿意接受这项任务,但因为再三相邀,他最终还是答应了。

尤伯罗斯将整个奥运活动与企业和社会的关系做了通盘的考虑,终于想出了让奥运会赚钱的很多点子。其中最绝的点子是将奥运会实况电视转播权进行拍卖,这在世界历史上还是第一次。

刚开始的时候,工作人员提出的最高拍卖价是 1.52 亿美元,这在当时已是个天文数字了,但立即遭到了尤伯罗斯的否定。他说:“这个数字太保守了!”

他敏感地觉察到了人们对奥运会的兴趣正在不断高涨,奥运会已经成为全球关注的热点。电视台利用节目转播,已经赚了很多钱。如果采取直播权拍卖的方式,各大电视台之间势必会展开激烈的竞争,价钱会不断上扬。

果然不出所料,单电视转播权这一项,尤伯罗斯就赚取了近 2 亿美元的资金。

以往的奥运火种万里长跑接力，都是由有名的人士担任火炬手，但尤伯罗斯将这一传统做法进行了更改，表示只要身体够棒，谁都可以跑，但是必须出钱才行，每千米按3 000美元收费。

这真是一个新奇的想法，会有人花钱买罪受吗？没想到，消息一公布，报名的人竟蜂拥而至。1.5万千米的路，收费达到了4 500万美元！

这次奥运会给尤伯罗斯带来了空前的声誉。回想他获取成功的经历，尤伯罗斯感到非常自豪：有想法就有突破点。如果在困难面前害怕退缩，永远不会取得辉煌的成绩。

人的智力的提高是一个逐步的过程，只要你对艰难不畏惧，并下定决心去努力，找到解决问题的方法也就能越来越多，并且智力将越来越超群！我们日常生活中经常听到这样一句话："眉头一皱，计上心来。"其实，这往往是指在特定时期、特定人物的状况。要有好的点子和想法，应当付出更多的努力。

开动你的脑筋想办法吧，别让你的智力机器生锈！

职场箴言

法国数学家、哲学家彭加勒就曾经说过："出人意料的灵感，只是经过了一些日子，通过有意识的努力后才产生的。没有它们，机器不会开动，也不会产生出任何东西来。"

08　识时务者知进退

年轻气盛的保罗抱着发财的想法，从原来的单位跳槽到一家私营企业。可是，他很快就发现这是个错误的决定。不但新公司的环境不如以前的公司，而且在这个公司完全不适合自己的发展。就在保罗非常痛苦的时候，原公司老板来找他，希望他能回去工作。说老实话，保罗恨不得马上回去，可他总觉得“好马不吃回头草”，思量了半天，他还是谢绝了原来老板的“邀请”。

“好马不吃回头草”，这是中国的一句老话，就是这样一句话，不知使多少人丧失了成功的机会。在现代职场中，当进则进，当退则退，“回槽”只不过是又一次全新的选择，是职场发展的一个环节。所以，当你跳槽在外面转了一圈，发现还是原来的单位更有前途，更有利于自身的发展，你大可以做“吃回头草”的选择。其实，在面临回不回头的问题上，你要考虑的不是面子和志气的问题，而是现实问题。

好马不吃回头草，这也是职场的一句老话，它的含义除了指办事要果断之外，也暗含着“回头草”难吃之意。吃回头草需要极大的勇气，但只要今天合作愉快，何必在意曾经的背离？而且“回头草”很有可能成为你职场晋升的敲门砖，“良禽择木而栖，贤臣择主而侍”的古训自有它的道理。

现任联邦快递中国区的副总裁陈嘉良就有过两次跳槽经历：FEDEX——英之杰——FEDEX。

联邦快递是陈嘉良的第一份工作，香港大学历史系毕业的他以销售起家，而在最初的日子里，凭借良好的心态和感染力，他如鱼得水，随着FEDEX的业务蒸蒸日上，连续两年成为公司全球表现最佳奖项得主，很快被提升为操作部经理。成功游说香港海关和贸易发展局放松通关条例成功后，1994年，他又被提拔为亚太区销售部总经理，成为第一位华人区域销售部总经理。但是，就在他平步青云之时，陈嘉良却选择了离开。

“当时我在部门的职位上应该说很胜任了，但在销售这行里做了太久，该掌握该知道的都差不多了，从个人职业发展角度看，我需要机会实践综合、全局性的管理，适逢机会，所以就选择了跳槽。”陈嘉良说当时跳槽去英之杰货运，看中的不是优厚待遇和工作环境，而是职务带来的诱惑和个人锻炼的机会。

一年后，陈嘉良重新回到了熟悉的办公室，回任之际，联邦快递面临建立转运中心谈判的巨大挑战，被任命台湾区总经理的陈嘉良顶住各方压力，以独特的谈判技巧和英明决策，迅速推进了业务发展，一战成名，让同事和上司都对这匹吃回头草的“好马”再生钦佩。

“其实在离开FEDEX后，上司和我经常有联络，在离开前他们也知道我的动机，但是上司再如何器重你，也不可能为你修改公司的规章制度。原先也没想到过回来，但1996年是联邦快递在中国发展最重要的一年，巨大的市场潜力让我预感到机会又来了，而且考虑到原公司的人际关系和工作环境相对不错，比较适合自己，所以就毫不犹豫地决定回头。”陈嘉良说，FEDEX是它第一个“东家”，对它的知遇和培养之恩很大程度上影响了他“回头”的决心。“能进入高层管理，回头没什么不可以。”

但是，陈嘉良也曾坦言，回任后压力的确很大，但他没让压力束缚了手脚，而是将其转变成动力，放开手脚大干。而且他还承认，除了来自上司的工作压力外，还有同事之间的人情压力。“当然我在心理上已经做好了准备。人事关系到哪里都会遇到，宽容和真诚是我的原则，而且特别要强调的是，做到了这两点，即便是遇上了‘小人’，他要得先识人头选目标，对你总会手下留情的。公司里有很多像我一样的员工，他们现在工作都很努力，为公司的发展注入了很多活力，也创造了不俗的业绩。”

从陈嘉良的故事中，我们可以看出，想做“好马”也不是一厢情愿的。陈嘉良强调，“回头草”成“佳肴”，综合了公司和个人方面的因素，不过如果几个关键词都相匹配，那好马吃回头草自然是水到渠成，并非不可为，没准还能出一匹宝马呢。

当然，“吃回头草”毕竟是“走回头路”，很多人因此顾虑重重，产生一定的心理压力。例如，担心回来会被穿小鞋，担心老板不再信任自己等。其实，这些担心完全没有必要。如果“回头草”是好“草”，你又愿意，你尽管回头去吃，能填饱肚子，养肥自己就可以了！何况时间一久，别人也会忘记你是一匹吃回头草的马。当你取得一定成就时，别人还会佩服你：果然是一匹“好马”。

好马吃“回头草”反映了企业和个人对于人才价值双向选择的成熟心态。在当今诸多企业中，都存在着好马吃“回头草”的现象，当初这些员工本身就非常优秀，大部分人离开是为了知识更新，是非常积极的行为。等他们充电回来，发现人力资源行业仍然非常新，且正在快速发展中，因此才想吃“回头草”。

从企业方面来看，核心人才的流失促使了企业反思其人力资源管理制度，弥补过去的不足，以防止更多好马的离开。为此，有很多企业针对主动辞职的员工设立了“回聘制度”，尽可能地挽留住有价值的人才。另外，前雇员比新人更为熟悉企业文化、公司业务，这样则会为企业节省了不少招聘和培养成本，还会给企业带来更多的新经验，这为企业的多元文化带来了积极的因素。

从个人方面来看，“回头草”让跳槽观念也日趋理性。考虑回头是因为原企业有回聘的可行性和更大的发展空间，他们多半会回到原企业的新部门，在新的职位上发挥其特长和新的经验。

能进能退，能屈能伸，这才是一个成熟的职场人士的基本素质和做人的风度。识时务者知进退，好马也吃回头草。

09　退步是为了向前

禅院里有一群学僧，正在寺前的围墙边练习绘画。他们模拟一幅龙争虎斗的画像，龙在云端盘旋，虎踞山头怒吼，但学僧们却都觉得这幅画动态不足。

正在这时候，老师父过来了，学僧们急忙上前请教，如何把龙头仰高虎头伸前表现得更为凌厉。老师父看过后说：

“不对，龙在攻击前，颈要向后退缩，虎要上扑时头要向下压低！”

学僧们还是不明白，问道：

“师父，龙头后屈，虎头贴地，实在不够威武雄壮啊！”

老师父微微一笑，缓缓地说：

“手把青秧插满田，低头便见水中天。身心清净方为道，退步原来是向前。”

老师父的意思是说：当一个人准备有所作为的时候，他首先要积蓄力量。力量积蓄的过程，并不是要你昂首挺胸，而是屈腿弯腰。这正如“龙在攻击前颈要向后退缩，虎要上扑时头要向下压低”一样。而这个道理也正是告诉我们这些在职场上行走的人们，气不要太盛，心不要太满，才不要太露。因为退步不但是前进的资本，更是为人处世的第一要义。

中国有这样一句话：“进退有度，才不致进退维谷；宠辱皆忘，方可以宠辱不惊。”在当今变幻莫测的形式下，以退为进不仅是生活中的金科玉律，也是现代商战争霸中的重要谋略。“退让”并非弱者的表现，在战术上它只是一时的谦退，在战略上却为自己赢得了造就胜利的隐机。

日本有一位禅师曾经譬喻说：“宇宙有多大多高？宇宙只不过5尺高而已！而我们这具昂昂6尺之躯，想生存于宇宙之间，那么只有低下头来！”成熟的稻子，头是俯向地面的。我们要想认识真理，就要谦虚谨慎，把头低下来。

几年前，小王有个破格提前晋升职称的机会，当时单位只有两个人够条件，可名额只有一个。另一个是一个工龄比小王多、年龄比小王长的女性前辈。若比资历，小王欠缺，但若比业绩，比人气，小王相信自己不会输掉。因此小王写好了煽情的演讲稿，踌躇满志地准备放手一搏。但不久发生了一件事改变了他的想法。

有一天，刚到单位，小王就看到自己的竞争对手正默默地用拖布擦着办公室门前走廊的地砖。友好地打声招呼后，小王回到自己的办公室，靠坐在椅子上发呆。在单位里，她很平凡，没有突出的业绩，没有各种高层次的奖励，甚至在单位年末考核的时候，她也因业绩平庸，总是排在后面。可是她就那样默默地奉献着，一干就是20多年。她已经把这份工作看做是自己的事业。跟她比起来，小王还是个初出茅庐的孩子，即使自己再能干，一天能顶过别人三天吗？今年自己若不晋升职称，明年一样有机会，因为自己还年轻。而40多岁的她若还晋升不上，机会就会越来越少，竞争就会越来越激烈，门槛也会越来越高。想到这儿，小王做出了一个决定:退出评选。

晚上回来，小王家里的电话成了热线，都是同事打来的。有的说你真傻，放弃了这么好的机会；有的说没想到，年纪轻轻，却如此识大体；有的说你的自信哪里去了，这可不像你的行为啊，百折不回才是你，是不是有苦衷？还有的说做得对，我们支持你！

这个决定，虽然使小王在个人利益上受到点损失，可能每个月少得两百元钱，但是，却使他在同事中树立了威信。在以后的工作中，他们更加支持小王、信任小王、理解小王了。

第二年六月，小王被评选为优秀共产党员，对他来说，这是种莫大的鞭策和鼓励，并以此为动力，迈向一个个新的台阶。

“退步原来是向前”，这话说得多透彻，多经典！

有时候，低头与退步，并非消极，也并非懦弱，那是一种态度，明朗且健康；那是一种姿势，看似弯曲，实则蓄积；那是一种心法，锻造勇气，锤炼品性；那是一种通透，闪现着智慧的光芒。

人与人之所以产生矛盾，是因为双方都为自己争利益，当双方都争的时候，矛盾就产生了。许多时候我们做不到“让”，但《圣经》告诉我们，有人要你陪一里路，你就陪他二里路。所以我们要学会退步，当我们退的时候，仇敌也会变成朋友；当我们争的时候，朋友也会变成敌人。

一般人总以为人生向前走，才是进步风光的，而老师父说的这首诗却告诉我们退步也是向前的，退步的人更是向前，更是风光的。古人说:“以退为进”，又说:“万事无如退步好”，在功名富贵之前退让一步，是何等的安然自在！在是非之前忍耐三分，是何等的悠然自得！这种谦恭中的忍让才是真正的进步，这种时时照顾脚下，脚踏实地地向前才至真至贵。

职场箴言

人生不能只是往前直冲，有的时候，需要退一步思量。退让是一种品行，更是一种睿智。学会退让，就是学会反省和理解，学会欣赏和超越。从事事业，把稳正确的方向，不能一味蛮干下去，也要有勇于回头的气魄。

10 忠诚胜于能力

做人应以诚信为本。没有一诺千金，没有正直忠诚的道德勇气，很难成就不凡的事业。忠诚在企业中也是无与伦比的一项品质。从普通员工到管理者，每个企业中的一员都应以忠诚来回馈企业。作为企业的一员，忠诚包含很多含义。我们应该清楚自己承担的责任，恪守企业的经营原则，积极实现企业的商业目标，这样才是一名忠诚的员工。

卫青是汉武帝时期的重要将领，他率军与匈奴作战，屡立战功。后来，成为汉朝最高军事将领——大将军，并被封为长平侯。尽管如此，但卫青从不结党干预政事，从不越权。汉武帝刻薄寡恩，杀大臣如杀鸡，卫青在他手下也是战战兢兢，冷汗直流。然而，卫青却最终从容逃过大劫，无灾无难地以富贵终老。

有一年，卫青率大军出击匈奴，右将军苏建率几千汉军和匈奴数万人遭遇，汉军全军覆没，只有苏建一人逃回。卫青召开会议，商讨如何处置苏建。大多数将领建议杀苏建以立军威。但卫青却认为，作为人臣，自己没有在国境之外诛杀副将的专权。于是，他将问题交与汉武帝处理，也借此显示自己不敢专权恣纵。汉武帝把苏建废为庶人，对卫青也更加宠信，

而苏建对卫青的不杀之恩也感恩戴德。

仅从卫青处理苏建的这件事上，就可以看出卫青的智慧。卫青虽立有大功，但从不恃宠而骄，一直都保持谦虚谨慎的作风，一味顺从武帝旨意，从不越权，以防武帝猜疑。一般诸侯都往往招贤纳士，但卫青深知汉武帝对诸侯的这一做法并不满意，所以他从不这样做。正因为处处注意，时时小心，卫青才可以做到功盖天下而不震主，手握重兵而主不疑，最终能够富贵尊荣、寿终正寝。

很多人认为卫青的举止似乎过于谨慎，其实不然。汉武帝雄才大略、武功赫赫，但是他专断独行，桀骜自恃，对于那些触犯他的忌讳的人，无论才能多高，他都毫不手软地予以诛杀。卫青对此十分清醒，因此不管自己能力再高，权力再大，也要表现得很忠诚。正因为如此，卫青才能在这样的一位领导手下保全自己，无灾无难地以富贵终老一生。

忠诚是个人的荣誉，不图私利，忠于职守，才能把任务完成得尽善尽美。而那些在利益面前丢弃了忠诚的人，最终一定会遭到惩罚。忠诚是人类最重要、价值最高的美德之一。在当今的职场中，尤其需要忠诚的品质。

在一所著名的高校中有两个学生王强和张健，他们是非常要好的朋友。王强的成绩在中等或中等偏下，没有特殊的天分，只是性格诚实、安分守己。而张健性格活跃，成绩突出。老师们都认为王强毕业后应该会有一份稳定的工作，不爱出风头，默默地奉献，不会有太突出的成就。而张健毕业后可能会按自己的想法做事，最终做出一番事业来。

毕业后，王强在一家公司上班，忠于职守，做事踏实，进步很快，不久就从普通职员升为主管，在接下来的几年中又从主管升为公司副总。几年后王强带着成功的事业回学校来看望自己的老师。而本来被认为会有一番事业的张健，毕业后在一家企业工作，自以为是名校高才生，不满足于在这样的小企业上班，总想着有更好的发展，于是不断地跳槽、换工作。这样不停地换了几年，依然一事无成。

成功与在校成绩并没有什么必然的联系，一个人如果有了忠于职守的习惯，不断自我努力学习，成功就变得容易一些。一个肯不断提高自己能力的人，总有一颗热忱的心，肯干肯学，多方面向人求教，他们出头较晚，却能在职位上增长见识，学到许多知识。

作为企业的员工，不管你是否优秀，如果你渴望成功，渴望被委以重任，获得梦寐以求的广阔舞台，就应当抛开自己的“外骛之心”，投入自己的忠诚。当你把全身心彻底融入公司，尽职尽责，处处为公司着想，理解老板的苦衷时，那么，你就会成为一个值得信赖的、一个可以被委以重任的人，最后成为一个有成就的人。

职场箴言

当忠诚于自己的企业，就是忠诚于自己，因为你所得到的不仅仅是老板对你的更大的信任，你的所作所为还会使对方感受到你的人格力量，你将征服更多的人。而这样的人令人尊重，也一定会取得事业的成功！

第六章

给自己明确的定位，工作效率会更高

不少人终其一生都像梦游者一般游荡，看不清楚自己，更不清楚自己的才能，不妨多花点时间来想自己能做什么，该做什么，不要妄自尊大，不必求全责备，看到自己的长处，发挥自己的特长，要知道，一颗螺丝钉在适合它的地方它就是不可替代的，在不适合它的地方它就只有生锈腐烂。

01　平凡岗位出人才

方瑶出生的地方是个有名的穷人区——“下只角”。方瑶从小就从别人的眼光中看出了对那里的不屑。她也不喜欢那里污浊的空气,不喜欢那里满街的粗话,她想离开那里。

那里的很多人也有过方瑶这样的想法,但大多数人只是想想就算了,但方瑶却不,她一步一步地努力着。她从不会一窝蜂地和别的女孩子上街抢购大减价的“时尚精品”,她留意着“上只角”女孩子的穿着打扮,然后自己买布请裁缝按照自己画的样子进行加工。空闲时间,她也不会像别的女孩子那样逛街、聊天,她要去美术馆、博物馆,虽然刚开始不懂,但听过讲解员多讲几遍,也学到了很多东西。就是什么也不学,从里面出来,那种感觉也不一样。另外,她还是图书馆里的常客,一开始是报上说哪本书好就看哪本书,后来,她慢慢地品出点味道,自己也会挑书看了。渐渐地,邻居们开始敬重她,即使走出去也没人想到她是来自“下只角”的姑娘了。

技校毕业后,方瑶并没有像别的女孩那样急于嫁人,而是直接去读了夜大,取得了大专文凭,并去了一家企业工作,干得不错。从此,就离开了“下只角”。

俗话说,“龙生龙,凤生凤,老鼠的儿子会打洞”。这句话喻示着命运是天生的,但也有俗话说,“鸡窝里飞出金凤凰”。这说明命运不是一成不变的。这两句话看似矛盾,但实际上却是人成长的真实写照。

生活中,有许多人抱怨自己没有找到一个好的工作单位,总以为只有

好的工作环境，才能出人才；平凡的工作岗位，是不可能造就人才的。

其实，三百六十行，行行出状元。著名的厨师、出色的泥瓦匠、优秀的售货员……“泥人常”“崩豆张”，谁能说他们不是人才呢？文凭不等于人才，各行各业的平凡岗位上，同样可以出人才。

能在平凡的岗位上做出不平凡的业绩的员工并不多。那些抱怨自己的工作枯燥、卑微，轻视自己所从事的工作的员工，自然无法全身心地投入工作。在工作中，他们会敷衍塞责，得过且过，将大部分心思用在如何摆脱现在的工作环境上，这样的员工在任何地方都不会有所成就，因为他们根本不明白：无论你从事何种工作，成功的基础都源于你的敬业态度。

2002 年，诺贝尔化学奖获得者是日本的田中耕一，既非教授，又非硕士、博士，只是“日本企业社会最底层”的一名普通工程师，一个名不见经传的小人物，甚至连同行专家对他也一无所知。田中耕一很少发表论文，但他默默耕耘，潜心钻研，于 1987 年发表第一篇论文，在高分子研究领域提出了性质界定和结构解析的原创思想。经过十几年实践，这个思想已发展成为世界感应度、精确度最高的生物高分子分析方法，受到欧美学术界高度评价，终于成为此次获奖的重要依据，诺贝尔化学奖评委主席称田中耕一是开启生物大分子新研究领域大门的第一人。

田中耕一的获奖让日本人吃了一惊，也给了我们很多启示：平凡中孕育伟大，伟大是从平凡开始的。这个道理浅显易懂，生活中这样的事例不胜枚举。

成功的事业未必一定灿烂，平凡的岗位也有壮阔波澜，只要我们信念执着，只要我们激情永驻，只要我们懂得坚守，只要我们乐于奉献，平凡就会因此而光华灼灼，就会因此而熠熠生辉。不要轻看那一滴水、一粒种子、一缕阳光、一颗小小的螺丝钉，正是这点点滴滴、丝丝缕缕、颗颗粒粒，汇集起来，灌溉的是良田万顷，照亮的是芸芸众生，哺育的是新的生命，守护的是朗朗晴空！

职场箴言

不要轻看任何一项工作，踏踏实实地去做，没有人可以一步登天。当你认真对待、了解每一件事，你会发现自己的人生之路越来越广，成功的机会接踵而至。

02　全才不如专才

一个人无论从事什么职业，都应该精通它。只有掌握了自己工作领域的所有技能、知识，成为工作方面的行家里手，精通自己的全部业务，你才有了与别人竞争的资本。

成功大师拿破仑·希尔博士曾说过："专业知识是这个社会帮助我们将愿望化成黄金的重要渠道。也就是说，你如果想要获得更多的财富，就应不断学习和掌握与你所从事的行业有关的专业知识。不管怎样，你都要在你的行业里成为一等一的专才。只有这样，你才可以鹤立鸡群，出类拔萃。"

一位博士考取博士后，他选的那个导师已招了学生，于是那位导师就将这位博士介绍给了另一位导师，但这位导师的研究方向与这位博士以前的研究方向相差甚远，怎么办？这位导师只交给博士一个任务：计算他

那个方向上的一个大家都知道、但都因太麻烦而不愿计算的问题。三年的博士生活，这位博士就计算这么一个问题，最终，他达到了炉火纯青的地步。这个问题在数学上意义不大，但在通信信息上意义非同寻常，他也因此成为通信行业的强人。这个博士在三年的博士生活中就学会了一种算法，别的方面没多大建树，但最终他却成功了。

这说明成功的前提是在某一方面要有很深的储备。我们身边有许多很会夸夸其谈的人，天文地理，经史子集，无所不知，但他也仅限于知道别

人的东西,没有自己的专长。这样的人不能算作成功,充其量只是一个储备知识的机器。

现代社会分工越来越细,要成为一个全才很难。社会需要的是合作精神,是学习能力。它不需要我们把一切知识都储备好,但它需要我们有一种能力,一种需要什么马上就能学会什么的能力。最现实的做法就是钻精钻透一种知识,以应对现实的需要。当然,在钻研这门知识的过程中应尽可能的涉猎一些相关的知识以开拓自己的思维和视野。

因此,在工作中要想成为一个不可替代的人,一定要掌握一门专业,掌握专业知识,努力让自己成为行业的专才。没有专业,在工作岗位上你就是个可有可无的人。如果你所从事的工作,是什么人都可以做的,那么,你也就是那种无论什么时候、什么人都可以顶替的人。

适应社会需要的人才是更具有竞争力的。在当今信息爆炸的时代,对人才的要求越来越高,专才更适应社会竞争。因为:

第一,随着社会分工的细化,与分工相对应的知识结构也越来越细,因此专业也向更加复杂的方向发展。对人才的要求同样趋于细化,趋于更高,因此对人才专业化的要求是十分明显的。

第二,适应社会的竞争在于适应社会需要,人才与社会之间是双向选择的关系,全才选择面广,却只能被选择一次,同时伴有不确定性。“机会每个人都能遇见,但并不是每个人都能兑现。”全面广博只是炫耀的资本,分工细化的现代社会,要求的是高精尖的人才,也就是专才。

第三,专才拥有某一领域内的专业知识和技能,会比全才更具有吸引力。在复合交叉领域内,最终的研究与实现,也落实在单一领域。因为全才的个人作业缺乏效率,如果把精力完全集中于个别的领域,更有利于实现社会价值。

所以,对于员工来说,培养核心竞争力,是学习活动的重中之重。这要求员工在学习时要学有所专,能够选择自己所擅长的领域,深入钻研,而不是看见什么就学什么,一点计划性也没有,更不能三天打鱼、两天晒网,甚至半途而废。

常言说:学无止境。对于一个身在职场的年轻人来说,即使你已经拥有了专业知识,也要不断地学习。当你的专业知识矿藏只比别人丰富一点点,或者并不比别人丰富,甚至匮乏时,更应如此。无数成功事实表明:不断地充电学习,更新专业知识,和每天保持干练的形象同等重要。不断充电,可以让你了解所从事的行业和职位的最新资讯,适时地根据最新的职业要求,补充自己的技能。

职场箴言

一名员工不论多么优秀都不能松懈,要潜心学习,追求精益求精。在职场中,能够让你安身立命的就是你的专业知识。

03 高知名度不等于是"一流"

每一个刚迈入职场的人员都会问这样一个问题:怎样才能算是一个一流的工作者?其实,一流的工作者,并不是指你的学历高、知名度高、会赚钱,真正的一流,应该是"比谁受人尊敬"。

我们所说的知名度主要是被媒体炒出来的。除非你真正跟他相处过,否则不要被媒体捧红的印象所迷惑。

曾经有一个企业的老板,是位知名企业家,曾被当选为杰出创业的楷模,以及一些杰出企业家之类的头衔。但这位企业家的做法却让人不敢恭维,他的员工也是怨声载道,据说这家企业员工的离职率很高。像这样的老板,经常被媒体报道成"一流企业家"、"一流领导人",而其之所以能受到媒体的青睐,完全只是因为他很会赚钱,或花钱买公关,大家只是被表象所迷惑,自然而然地把他联想成是一个“一流”的工作者。

的确,一旦媒体关注你了,报道增多了,你的知名度自然就高了。一般人认为媒体所报道的应该是个“优秀杰出”的人。但在当今社会,在几十年的股海中,我们都曾见识过“曾经是股王,也会摔成水饺股”的“杰出人士”,所以,对于曾经的“一流”,慢慢的也就不会那么“崇拜”了。

会赚钱的未必就是一流的,而一流的也并不一定会赚钱。不然那些曾经风光一时的知名企业,为何会迅速瓦解崩溃?他们不是曾被媒体大捧为“一流”的吗?

因此,知名度与工作能力之间不能画等号。真正的一流是可以做到的,但要看你如何去做。

在工作中,追求一流,是绝对要有的目标。但受人尊敬,才是真正的一流。

受人尊敬,不是靠财富,而是靠人格。一流的工作作风,就是经常反思自己的做法是否让别人满意。对自己的严格要求,会使自己行事小心谨慎,同时,尊重他人的才能,会懂得谦卑,这样才会更容易得到他人的帮助。真正的一流,不是“拥有自己”的专业知识,而是“发挥别人的才能”。

除了“受人尊敬”之外,一流的企业员工应该具备几个心态。

第一个心态:做企业的主人。什么是主人?就是能够自动自发地去处理工作,并将工作做到最好的人。不管老板在不在,不管主管在不在,不管公司遇到什么样的挫折、困难,你都会全力以赴,努力帮助公司去创造更多财富,这就是做主人的心态。

第二个心态:要有自我负责的精神。知识和观念,不光自己要学会,还要把它传播给更多的人,因为在教他人的同时,不但促进了他人的成长,也为自我发展创造了一个良好的机会。

第三个心态:对事业的热情。这是每一个成功者所具备的非常重要的特质。对待事业的热情,可以起到很大的吸引人才的作用。

第四个心态:对待事情的意愿和决心。世界上没有能与不能的问题,只有要与不要的问题。就是你只能得到你一定能得到的东西,你只能得到你一定要得到的东西。做任何事情,想要成功的话,永远有5个字,就是:我要,我愿意。大多数人只是想要结果,却不愿意去努力。有相当多的人会选择借口来度过自己的人生,而不是去选择理由。

职场箴言

你不能做得更好的借口,你不能成功的借口,都可以转化成为你恰恰要做好的理由和动力。

04 你的优点有时却是你的劣势

优势未必带来好运,缺陷也能变成优势!缺陷常能给我们以警示,而优势却常常使我们忘乎所以。但是,在适当的时机,缺陷也可转化成别人难以企及的优势。

三个旅行者同时住进了一个旅店。

早上出门的时候,一个旅行者带了一把伞,另一个旅行者拿了一根拐杖,第三个旅行者什么也没有拿。晚上归来的时候,拿拐杖的旅行者跌得满身是伤,拿伞的旅行者淋得浑身是水,而第三个旅行者却没事。于是前两个旅行者很纳闷,问第三个旅行者:“你怎么会安然无恙呢?”

第三个旅行者没有回答,而是问拿伞的旅行者:“你为什么会淋湿而

没有摔伤呢?”

拿伞的旅行者说:“当大雨来临的时候,我因为有了伞就大胆地在雨中走,但不知怎么就被淋湿了。当我走在坎坷泥泞的路上时,我因为没有拐杖,所以走得非常仔细。专拣平稳的地方走,所以没有摔伤。”

然后,他又问拿拐杖的旅行者:“你为什么没有被淋湿而是摔伤呢?”

拿拐杖的说:“当大雨来临的时候,我因为没有带雨伞,便挑能躲雨的地方走,所以没有被淋湿。当我走在泥泞坎坷的路上时,我便拄着拐杖走,却不知为什么被摔伤了。”

第三个旅行者听后笑了一笑,说:“这就是我安然无恙的原因。当大雨来时我躲着走,当路不好时我小心地走,所以我没有被淋湿也没有摔伤。你们的失误就在于你们有凭借的优势,认为有了优势便少了忧患。”

许多时候，我们不是跌倒在自己的缺陷上，而是跌倒在自己的优势上。优势可以变成陷阱，同样，缺陷也可以变成优势。

盈盈很胖，为了减肥，她又是运动，又是节食，但是她的体重还是居高不下。不过自从参加了一次演讲比赛后，她再也不喊着减肥了。

盈盈参加了那次全市高校大型演讲比赛，但是由于音响出现故障比赛直到9:30才开始，而参赛人数多达32个。临到抽签了，盈盈向上帝祈祷说千万别让自己抽到后面的，因为时近中午，再动听的演讲也不如一碗米饭来得实在。但是命运偏偏和她作对，她最终到底抽了个32号，最后一个。盈盈倒吸了一口凉气，回到座位上，心跳得快极了。也听不清带队老师的劝慰，更听不清选手们的演讲，脑子里一片空白，不知怎么办才好。

果真如盈盈所料，过了12点，赛场上的人群开始骚动了起来，而盈盈的演讲还要半个小时后才能进行。在这可贵的关键时刻，一个念头突然闪过盈盈的脑海。当主持人宣布“32号选手上场”时，她一扫开始时的焦虑和担心，信心百倍、精神抖擞地站了起来。在讲台上站定后，她用微笑而平静的目光环视赛场一圈，骚动的人群渐渐平静下来，视线也集中到演讲台上来了。

这时盈盈不慌不忙地开口了：“今天我是最后一个上场，好在我体重比较重，希望能压得住这台戏！”

话音刚落，全场一片笑声，随即是热烈的掌声。饥肠辘辘的大家以难得的耐心听完了盈盈为时5分钟的演讲，并以潮水般的掌声完满结束。最后评委团主席评点赛事，说了一句这样的话：“表现尤为突出的是32号选手，她以她的体重，更以她的实力压住了这台戏！”台下又响起大家默契的笑声和掌声。

所以，不要为自己有某些不足或缺陷而苦恼，也不要为自己有某些优势沾沾自喜。在某些时候，优势可以转化成缺陷，而缺陷同样也可以转化成优势。特别是在工作中，不要因为自己有某方面的优势就沾沾自喜，也不要因为自己在某些方面有缺欠就苦恼。

没有绝对的劣势，只要懂得利用，劣势也能变成优势。

05　不在于时间的长短，而在于动作的快慢

在非洲大草原的一天早晨，曙光刚刚划破夜空，一只羚羊从睡梦中猛然惊醒。

“赶快跑！”它想，“如果慢了，就可能被狮子吃掉！”

于是，它起身就跑，向着太阳飞奔而去。就在羚羊醒来的同时，一只狮子也醒了。

“赶快跑！”狮子想，“如果慢了，就可能被饿死！”

于是，狮子起身就跑，也向着太阳奔去。

谁快谁就赢，谁快谁就生存。一个是自然界兽中之王，一个是食草的羚羊，等级差异，实力悬殊，却面临着同样一个问题——生存问题。如果羚羊快，狮子就饿死；如果狮子快，羚羊就被吃掉。

谁快谁赢得结果，谁快谁赢得生存。

赛场上搏击讲究以快打慢，军事上以先下手为强，商战也从“大鱼吃小鱼”变为“快鱼吃慢鱼”。跆拳道要求心快、眼快、手快。中华武学一言以蔽之：百法有百解，唯快无解！大而慢等于弱，小而快可变强。快就是

机会，快就是效率。

现代企业中，所有的老板都喜欢办事高效率的员工，他们恨不能让自己的手下一天之内建立三座罗马城出来。因此要得到老板的赏识，员工必须以最高的效率、最快的速度获得工作的成果。

工作中竞争的实质，就是在最短的时间内做出最好的结果。盛田昭夫说："如果你每天落后别人半步，一年后就是183步，十年后即108 000里。"如果我们每天仍然慢条斯理地工作，那么早晚有一天我们会被"快鱼"吃掉。

然而，在企业中经常会看到这样一种现象：有些员工的桌子上摆满了文件，总是显得很忙，一副日理万机的样子。这类员工工作十分认真，对自己的本职工作也充满了热忱，从来不多休息。有时下了班，还要主动加班到很晚。他们觉得只有这样做才能得到同事的好评，老板的认可，只有这样，才会得到老板的信任与重任。关心集体、关心工作、把工作看做是第一位的，没有哪个老板会不喜欢这样的员工。

可不幸的是，这种人往往很难获得成果。

许多精明的老板从下属的忙碌中能看出许多问题，他们中有相当一部分人是因为自己的能力有限,希望通过忙碌来引起老板的注意,他们生怕自己的重要性被忽视,便加倍地忙碌,其目的无非是把自己表现为一个能干的人。但精明的老板总能透过他们的工作效率,看到他们的工作结果,而无须探询他们忙得团团转的理由。因为,困难的工作,不一定会使人显得很忙。而终日忙得晕头转向的员工不一定是个能干的员工。

英国有部心理学著作认为:有的员工总是企图表白自己的废寝忘食,其实他内心隐藏着本质上的怠惰。老板往往认为这是一个对工作缺乏关心和兴趣的人,他也许是害怕遭到别人的非难和惩罚,以致陷入战战兢兢的状态里,倘若受不了连续的紧张,为了消除内心的紧张和不安,迫使他只好采取一种期待赞赏的行动。这样一来,他便成了一个忙忙碌碌的员工了。

老板都希望自己的员工能创造出骄人的业绩,而绝不希望看到员工工作卖力却成效甚微。即使你费尽了全部的气力,却做不出一点实际的业绩,那也是没有用的。

正常人的生活总要分为工作、家庭和闲暇三部分。每个人都需要根据自己的情况,合理分配这三方面的时间,借此获得身心的平衡和稳定。一旦全力以赴地投入到某一方面,而又没有得到满足时,这三方面的平衡便会立即崩溃。

道格拉斯参加工作两年,就成为公司里最出色的员工,因为他的办事效率是最高的。同样的工作,他总能提前完成,老板也喜欢把一些重要的额外工作交给他去做,他从不喊累,而且每次都能轻松完成。他的一位好友向他询问其中的诀窍,他的回答是:

“只要改变或利用10%,你也能做到。”

1. 让思考速度提高10%

思考是一个不断提高自我、完善自我、促进自身不断进步的过程。思考的过程很简单:找出问题所在,汇总所有相关因素,找出它们之间相互关联的地方,建立一个清单,收集反馈意见,与其他人合作,为新思想的产生提供机会。一旦你理解了这一过程并付诸实践，你的思考速度必将提高，你也将更加快速地完成工作。

2. 将工作进度主动加快 10%

这一点并不用费多大力气，也无须借助什么高新技术，仅仅是你主动加快了做事的速度，就会取得显著的效果。

3. 每天最少拿出 10% 的工作时间做最重要的事

你要充分利用一天里精力最充沛、效率最高的一个小时做最重要的工作。在这个专项时间段里，你要尽量避开外界的干扰，甚至告诉你身边的同事，如果没有重要而紧急的事，不要打扰你。同时，你在安排计划时，也不要与专项时间段冲突。

4. 充分利用闲暇时间的 10%

如果按你每天工作 7 小时计算，除去休息的 9 小时，那你就有 8 个小时的闲暇时间。如果你能利用一个小时去工作，你的办事效率将会有很大的提高。比如在你等车、买菜的时候，动脑思考一下，也许你的工作报告就完成了，或者很久解决不了的技术难题，忽然灵光一闪，茅塞顿开。

5. 少浪费 10% 的时间

尽力避开浪费时间的活动，比如你参加的那些专业协会、社区联防队、志愿者团体等，你一定要肯定其确有价值而且自己感兴趣才行。千万不要仅仅为了承担义务，而随便参加一个什么组织，不要去参加那些自始至终你都是一个盲目的跟从者的会议，那样只会浪费你的时间。

如果你能按照以上 5 点努力去做，并持之以恒，你就不会把自己弄得心力交瘁，同时你的工作效率会在你持续不断的进步中得到提高，你一定会因工作出色而受到老板的青睐。

员工的能力就体现在相同时间能办多少事。时间就是金钱，如果你能在相同的时间里比其他员工办的事多，办的事好，这也就意味着你的能力更强，效率更高，当然应该得到重用。

职场箴言

只有工作的结果才是最重要的。而员工实现结果不在于时间的长短,而在于动作的快慢、方法的对错。

06　没有小用的“大材”,只有不顶用的庸才

做事先做人,想成大事者必先做一个有德之人。那种眼高手低、认为自己大材小用的人是越来越没有市场了。

林强刚刚从一所名牌大学毕业,他幸运地被一家大型广告公司看中。第一天到公司报到,经理就以热情的口吻对他说:“欢迎你加盟本公司,你对公司有什么要求吗?”林强不假思索,脱口而出:“我是学美术的,希望职位与专业对口,并充分发挥我的特长。”他很坦率地要求让他到广告设计部,觉得这样才能发挥他的优势。

经理犹豫了一下,说:“根据公司规定,新招聘的员工都要先到策划部实习,再根据情况决定。你也先到策划部工作一段时间,积累一些经验,再到设计部也不迟。”

林强听后觉得不开心,想想自己可是美术系的高才生,多次拿过大奖的,根本用不着实习。他很不情愿地到了策划部门,但是他既不安心工作,又不虚心学习。3 个月的实习期结束了,林强没有拿出一个像样的策划方案,还给人留下了眼高手低的印象。可他自己并没意识到自己的失误,埋怨公司没有发挥他的特长,和经理大吵了一通后,不得不离开了这家公司。

林强第一次走进职场就以失败告终了,这对他后来的职业生涯产生了消极的影响。接下去的很长时间里,他都陷在失败之中,不能自拔。

年轻人有远大的理想固然是好事，但是如果不能脚踏实地做人，理想也就无从实现。如果不及早纠正眼高手低的毛病，那么你的梦想就会变成空想。但凡在事业上取得一定成就的人，大都是从简单的工作和低微的职位上一步一步走上来的。他们总能在一些细小的事情中找到个人成长的支点，走向成功。而眼高手低只会让你永远站在起点，无法到达终点。

张健是某大学新闻系的高才生，网名“笔上飞花”，在校时已有许多篇文章问世，而且有的在社会上产生较大反响。在校园的网站上，他的大名更是经常出现，是许多女孩追逐的白马王子。

毕业时，张健和其他几位同学一同被分配到报社。他想当然的认为，自己一定会分在“要闻部”当记者，跑重要的会议，做重要的消息，那才是值得他做的。可是领导宣布的结果，让他很失望，他被分到总编办公室，而另两位同学倒被安排在要闻部当实习记者。

张健开始埋怨“安排不当”，私下说领导不识“货”。实际上，领导这样安排，并非不了解他，而是想让他全面了解报纸的运转过程，了解全局，以更好地发挥他的作用。可惜他没有领会领导的苦心。

有些年轻人总以为自己被“大材小用”，总想“好高骛远”。年轻人应当有远大志向，才可能成为杰出人物，但要成为杰出人物，还必须放下身段，从最基层做起。如果你降低一下自己的目标和野心，做好普通人做的普通事，你的视野就会更开阔，你的人生才会有意想不到的机会。

对年轻人来说，任何一个岗位都是新的，都需要熟悉。应该去掉狭隘的“对口”想法和就高不就低的不实际要求，不能把专业对口所需要的“外延岗位”或“边缘岗位”都误作不搭界而舍弃。要明白，胜任一个职位，需要了解比该职务更广泛的知识。而且不管是大材还是小材，事实最有发言权。

职场新人要走出这个误区，就要有思想准备。

首先，不要急于成功。正像高楼大厦平地起一样，要极有耐心地从砌一块砖、一堵墙做起。一心想速成一个“建筑师”，是不现实的。只有在砌墙加瓦中才能学到真本领，从而踏上理想的坦途。

其次，不要企求“一步到位”，但要求“步步到位”，对眼前的工作有一个正确的态度，并视之为理想岗位的“阶梯”。要学会在平平淡淡中发挥自己的作用，让别人感受到你的真才实学。

职场箴言

没有小用的大材，是金子总有发光那一刻，要脚踏实地，要通过自己卓有成效的努力，在平凡的岗位上成就一番不同凡响的事业。

07 单位提前,自我退后

当某人在第一时间还不能全面地了解某个企业时,他首先接触的第一个人,就代表了这个企业。你的一言一行、一举一动,都可能成为别人眼中的这个企业的印象。所以要懂得把单位的形象放在第一位,将自己的个人风格置后。

王小姐是一家公司的总经理助理,她出生在一个富豪家庭,从小就喜欢穿名牌服装,用高档包饰。这也养成了她娇小姐的脾气,一直到参加工作也没有改变。

在平时的工作中,作为一个白领,王小姐这种娇气和性情也没有影响到她的工作。可是有一次,就因为她的这种性格,差点断送了她的前途。

那次,王小姐所在的公司策划了一个宣传活动,给儿童村的孤儿送温暖。计划是将公司生产的食品送给孤儿院的孩子们,同时捐助一部分善款给孤儿院。

这是一次用公益活动宣传公司的方式,公司的策划部提前预约好了电视台及几家报纸的记者。活动的前一天,公司老总特意召开会议强调这次活动的重要性,还特别强调每个员工都要展现自己最好的一面,为公司树立良好的形象。

王小姐一听说有很多记者,还会在电视上播出,于是第二天,她特地精心打扮了一番,穿了很高档、很显品位的套装,拎了一个名牌皮包。

到儿童村后,这家公司开始按照程序一项一项地进行。到了最后活动的高潮部分,是公司所有员工给孩子们送玩具、礼品,并和孩子们游戏。王小姐拿了一包玩具,笑容可掬地递给孩子们。

孩子们一看见玩具非常高兴，都围在王小姐身边，拉着她的衣服抢着要。王小姐看到自己名贵的套装被一群小孩子乱扯着，当时脸色就沉了下来，很不高兴地左躲右闪，怕孩子们的手弄脏了她的衣服。

这时其中的一个小孩儿无意中伸手拉了一下王小姐的皮包，王小姐很恼火地叫了一声：

“你干什么呀！”虽然声音不大，但是却把小孩儿吓哭了，几个同事看到，赶紧过来哄这个小孩儿。

王小姐趁机退得远远的，她一转头，看到的是几个摄像记者，还有老总阴沉沉的脸。

虽然后来电视台在播放这段节目的时候，并没有把王小姐的镜头编辑进去，但她还是受到了老总的严厉批评：

“幸好电视台没有把你这段播出来，要是真播了，你知道会给公司带来多大的损失吗？你要觉得你是个娇小姐，你就回家去，公司不惯你这种毛病！”

职场箴言

当我们站在客户或公众面前时，每个人都代表着公司的形象。我们的一些习惯、个性，很可能与工作不相符。当自我与公司相冲突的时候，请永远记住：单位提前，自我退后！

第七章

办公室里无小事

办公室就像一个缩小了的社会，充满不可预知的变数，充满着各种各样的矛盾和争夺，当然，这些都是潜在的，也许忙碌与平静的背后，还隐藏着更多不为人知的东西，你的一言一行、一举一动都和其他人息息相关，而最主要的是和你自己的前程紧密相连。千万别忽视了办公室政治。

01　别把私人情绪带到办公室

办公室是工作的地方，人的一天之中，大部分时间都要在这里度过。愉快的工作气氛，和谐的同事关系，会让人的情绪保持在非常好的状态中，也会使工作效率大大提高。身在职场，都期望有这样一个工作环境。可惜，现代人压力太了，常常有一些莫名其妙的情绪无法发泄。而办公室竟成了他们的首选目标。

一阵铃声把睡梦中的经理叫醒，昨晚加班，熬得太晚了，经理没睡够，在床上赖了一会儿，突然想起公司未完的工作，赶紧起床，急匆匆地开了车往公司急奔。一路上，为了赶时间，经理连闯几个红灯，终于在一个路口被警察拦了下来，并且给他开了罚单。

众目睽睽之下，迟到的经理到了办公室。看见别人都看着他，经理犹如吃了火药一般，看到桌上放着几封信，经理更生气了，把秘书叫来，劈头就是一阵痛骂："昨天下班前，就让你把这些信发出去，到现在还没发，整天在忙什么?"

秘书正和另一同事闲聊着，自觉没面子，当即拿着未寄出的信件，走到总机小姐的座位，也一顿批评："整天就是接接电话，也不提醒我发信!"

总机小姐被骂得心情恶劣，本想到卫生间整理一下自己快掉出来的眼泪，看见清洁工，便借题发挥，没头没脑地又是一连串声色俱厉的指责："看看这地上还有水印呢，太不负责了!"

清洁工底下没有人可以再骂下去，她只得憋着一肚子闷气回家。见到读小学的儿子趴在地上看电视，衣服、书包、零食丢得满地都是，清洁工揪住儿子，就是一顿痛骂。

儿子看不成动画片了，愤愤地回到自己的房间，正有气没处发，见到家里那只大懒猫趴在门口，于是狠狠地踢了一脚，猫儿被踢疼了，喵喵的叫个不停。

无故遭殃的猫儿，心中百思不解："我这又是招谁惹谁啦？"

你看，这一个人的情绪影响了多少人。生活中类似的事例数不胜数，表现方式可能大同小异，意思是一样的。

人处于情绪低潮期，就容易迁怒周围的人和事，这是自然的。可是，凡事都有限度，超过了限度，就可能带来恶劣的后果。所以，智者说："不要带着情绪做事"。

欧玛尔是英国历史上唯一留名至今的剑手。他有一个与他势均力敌的对手，俩人斗了30年，还是不分胜负。在一次决斗中，对手从马上摔下来，欧玛尔持剑跳到他身上，一秒钟内就可以杀死他。

但对手这时做了一件事——向他脸上吐了一口唾沫。欧玛尔停住了，对他说："我们明天再打。"对手糊涂了。

欧玛尔说："30年来，我一直在修炼自己，让自己不带一点怒气作战，所以我才能常胜不败。刚才你吐我的瞬间，我动了怒气，这时杀了你，我就再也找不到胜利的感觉了。所以，我们只能明天重新开始。"

这场争斗永远也不可能开始了，因为那个人从此变成了欧玛尔的学生，他也想学会不带一点怒气作战。

欧玛尔的修养是值得当今职场中每一个人学习的，为了展示真正的职业风范，你必须根除下面这些杀伤性极强的陋习，因为这些陋习将影响到办公室的气氛，对公司、对同事、对你自己都会产生消极影响。

1. 喜欢清早瞎聊

每天早上到办公室，喝着牛奶，吃着早点，慢悠悠地咽下一口，说上几句家长里短，日复一日重复着毫无意义的废话。这种家庭妇女似的程式极可能使上司感到厌烦，扰乱同事工作。

2. 迟到早退

同事们已经各就各位，你却姗姗来迟，到了座位上一通翻腾，抱怨堵车，说自己起晚了，一次两次别人理解，多了只会让同事反感。别人正在工作，你在那里收拾东西，准备早退，别人也没心思工作了。不要以为这些都是小事，没有什么大惊小怪的，时间一长，就会有人劝你找好去处了。

3. 爱偷懒

偶尔偷懒是人之常情，紧张的工作总需要适度的放松，通常如果不是很离谱，主管多是睁只眼闭只眼。但是偷懒上了瘾可就不是件好事，如果主管对你有了戒心，你就很难咸鱼翻身了。

4. 瞎抱怨

本来技术不错，活儿干得也不少，同事们也都知道，老板也看在眼里，可是就是爱抱怨。“这任务这么艰巨，给这么两天时间，谁能完成啊！”嘴上这么说着，别人听着就回应，恰好让老板听到了，他心生反感，就会排挤你，为难你，直到你走人为止。

5. 不负责

每个人都会犯错，主管应该也能容忍体谅下属犯错，重要的是能否从错误中总结出经验教训，下次不再重蹈覆辙。无论犯了什么样的错，通常只要勇敢地承认，愿意负责，都能博得大家的谅解甚至尊敬。

6. 不懂装懂

这样的人喜欢说：“这些工作真无聊。”但他们内心的真正感觉是：

“我做不好任何工作。”他们希望年纪轻轻就功成名就，但是他们又不喜欢学习、求助或征询意见，因为这样会被人以为他们“不胜任”，所以他们只好不懂装懂。而且，他们要求完美却又严重拖延，导致工作严重瘫痪。

7. 过分积极

你可能会很不解：积极难道也是一种错？其实积极是值得鼓励的，但太过分则会激起公愤。别忘了，枪打出头鸟。所以，在办公室，你还是低调一点为好，不要引起众怒。

人难免有情绪，但是老是把情绪和工作搅和在一起，同事反感，主管反感，老板反感。要是管理自己情绪的本领太差了，就要多看看书，增加一些修炼。就像希尔顿酒店规定的那样：万万不可把我们心里的愁云摆在脸上！无论饭店本身遭到何等困难，希尔顿服务员脸上的微笑永远是顾客的阳光。

职场箴言

让我们记住戴尔·卡耐基那句话：“笑容能照亮所有看到它的人，像穿过乌云的太阳，带给人们温暖。”

02 不要说“我得去工作了”

工作是一件很辛苦的事，我们每天工作时都要有一小段休息时间，有时，大家会凑在一起，说说天气冷暖，谈谈国家大事。可是，时间一晃就过去了，当我们经过短暂的休息之后，还要把精力放回工作上去。这时，我们会有意无意地说：“我得去工作了。”

这句话差不多成了我们一些职场中人的口头禅，听惯了，也就顺其自然了。可是不了解的人，会从这句话中听出负面的意味，因为其中包含着说话人的期许和经验。

曾经有人讲过这样一个故事：兄弟俩一起出外经商，他们家里很穷，临行前，老母亲为他们每人带上一张大饼，以便路上充饥。经商的目的地离家很远，他们没有钱，只能步行。

兄弟俩日夜兼程，好不容易走到一个村庄，哥哥说："唉，我们都走了三天三夜了，不知道还有多远？"

弟弟说："哥，我们坐下歇会儿，一会儿看见人了打听打听。"

不久，村里走出一个人，弟弟上前问道："老乡，这里离长安还有多远？"

老乡说："大概还有三天三夜。"哥哥一听："我们才走了一半啊！"

弟弟对哥哥说："我们都走了一半了，快了！"

兄弟两个继续往前走，弟弟问："哥，你的饼还有多少了？"

哥哥说："就剩一半了。"弟弟说："还有一半呢，够我们吃到长安了。"

我们明显地可以看出，兄弟俩的人生态度有很大的不同，弟弟是乐观的，积极的，对前途充满了希望。哥哥是消极的，而且没有信心。这种心态决定了他们日后的发展。

到了长安，兄弟俩生活得很苦，经营也不顺利。哥哥天天抱怨，想回家去种他那两亩地。后来，有一天，哥哥带着刚刚挣来的一点钱回了老家。弟弟则坚持留了下来，多年以后，他的生意做得很大，衣锦还乡了。

可见，怎么说话透露着职场人内心的秘密。当你说"我得去工作了"，意味着你心底不喜欢这件事，而这样的想法会让你无法发挥潜力，更别提享受工作给你带来的快乐了。所以，当你说"我得去工作了"，你已经在潜意识中为自己设定这一天是很难捱的了。当然这并不是说你的每一天都会不好过——但是这样的想法确实可能会让你这样。

除此之外，你也是在传送一项负面的信息给你自己及周围的人。想得再深入一点，你真正要说的是："我不喜欢我的工作，我做这个工作是出于无奈。"别人听你这么一说，可能会引起共鸣，你所传递给自己及别人的是多么可怕的信息！

想想看，如果你真的爱你的工作，你怎么会说"我得去工作了"这样的话？你会说"我得过周末了"这样的话吗？所以何不换种口气说"我要去工作了"或"我要去赚钱了"或"我要度过另一个工作日了"？或者就简单地说"我去工作了"，而不要带有感情色彩。当然，并不是说你该欢欣鼓舞，大呼小叫地说："哎呀！我要去工作喽！"毕竟，有的人确实不是对自己正进行的工作有着百分百的热情。如果你抱怨，每天早晨离家去工作时，都说："天哪，我还得去工作！"家人会是什么样的心情？你只会使自己更沮丧，也让身边的人不舒服，与其这样，何不以积极的心态去做好它呢！

如果你换种语气说："嗨，我们开始工作吧！"那种愉快的心情会给自己、给同事带来好的愉快，你会乐于做自己的工作，并期许着一个完美的结果和回报，这难道不好吗？

职场箴言

怎样说话，浸透着你个人的情绪。"我得去工作了"，传递出的是负面影响；"我工作去了"，没有感情色彩，但却反映你对工作的认真态度。

03　公事私事要分清

公事和私事要分开，尽量不要把自己的私事带进办公室，也不需要把自己的全部精力都投入到公事之中。必要的时候可告诉亲戚朋友，让他们尽量不要在上班时间把私人电话打进办公室。完成了公事，离开了办公室，要尽快把精力转移出来，做自己的私事。这是一项显规则，我们也可以把它当作潜规则来看待。因为它包含着两个方面的信息。

不利用上班的时间和公司的财物做私人的事情，这是一个职场人最起码的职业道德。某些员工认为公司的薪水太少，利用上班的时间做兼职，做些私人事务理所当然。譬如：利用公司电话聊天，在办公时间看报、看闲书，借用公司的电脑查找个人想用的资料等行为，这些看似小事，老板却不认为"小"，他会认为你不够忠诚和敬业。如果让老板有了这样的看法，不要说得到重用，恐怕离你走人的时候不远了。

燕燕的教训是深刻的。

燕燕在一家大公司工作。工作很紧张，燕燕的工作能力不低，公司的事情，她处理起来总是得心应手。可她就是有一个习惯，爱打电话。她总要从繁忙的事务中抽出时间，打电话给朋友，然后，神采飞扬的一通神聊：

"莎莎呀，忙什么呢？哎，告诉你呀，燕莎正在打折呢，周末我们去淘名牌啊！"

"林先生啊，最近生意好吗？周末聚一聚呀，好久不见了！"

然后是天南海北，和朋友沟通了感情，又扩大了自己的交际范围，燕燕很得意。可是，燕燕光顾着自己在那儿狂聊，丝毫没注意到她的同事们正带着异样的神情看着她呢！她的情绪引起同事的不满，她抱着电话不放，别的同事没法用电话，以致经常要想办法提醒她别人要打业务电话，让她快点。

公司的电话，因为总是她占着，与公司有关的电话经常进不来。终于有一次，因为电话占线，公司失去了一大笔业务。老总得知情况，大发雷霆，下令调查原因。结果燕燕受到了严厉的惩罚，她不得不哭着离开了这个曾令她骄傲的大公司。

也许你会说，燕燕倒霉，正好赶上了这样的事，但要知道，有很多小事，包括上班打私人电话、聊天、迟到（哪怕是几分钟），这样的事只要你做过一次，在别人眼里可能就代表了你经常做；有时候对于某些重复性劳动，你想偷个懒，做点假，少干点活，除非当时就你一个人，否则，你不要指望着同事会为你保密，即使他们也曾做过。要明白，许多双眼睛正盯着你，准备着抓你的小辫子呢，不要认为别人也做了与你同样的事 而没受到惩罚，你也会逃脱，也许杀一儆百的事正好轮到你头上。“办公室里无小事”，要明白小道消息的扩大效应。这些你心中的小事，传到领导耳中时则成了了不得的大事了。

还有一些人，完成自己的本分工作后便认为："反正闲着也是闲着，何不趁机做点自己的私人事务或者帮别人做点什么呢?"这种想法也是错误的，做私事当然不对，帮忙别的同事工作也没必要，大家都有分工，每个人的工作都有自己的特点，你最好不要去干预。你可以利用空闲时间，整理一下自己的工作思路，为下一步工作打个基础。

另外一种公私不分的行为，则是一心放在工作上，把个人的休息时间都花在公司事务上，这种人虽然会受老板欣赏，但却不值得提倡。一个人在工作当中一定要分清什么是公事，什么是私事。一个人可以全身心地为公司的公事工作，但是不可以把这个公司当成家。因为人除了工作之外还需适当休息、娱乐来调剂身心。有好的休闲品质，才会产生较高的工作效率。

职场箴言

公事和私事有着严格的界限。把私事带进办公室是愚蠢的，把公司当家也是不明智的。公事是公事，私事是私事。分清楚了，才能把公事私事都做好。

04　他人隐私不打听

生活中，人与人相处要真诚坦白，我向你交底，你向我交心，双方都像一碗水，一眼看到底，这才是透明的。而潜规则说，人与人之间真正的透明是不可能的，只有朦胧才是永恒。朦胧是一种和平、安宁、平衡的境界。他人总有一些隐私，尊重别人的隐私就是尊重自己。

现代汉语词典说，隐私是不愿告人的或不愿公开的个人的事。隐私对于中国人来说，历来是比较敏感的词。历史上，帝王将相的隐私经常为人津津乐道。他们为了保护个人隐私，也会使用极端手段。

朱元璋是明代开国皇帝，他小时候当过和尚，讨过饭，当过红巾军的头目，免不了做过小偷小摸之类的勾当。所以登基为帝后，富贵显达了，就非常不愿意面对自己的过去，对“贼”“盗”“僧”“髡”这几个字眼非常忌讳。

杭州人徐一夔说了一句“为世作则(贼)”就掉了脑袋；马屁大王孟清恭维了句“圣德作则(贼)”，不料好处没有，反倒身首异处；说“睿性生(僧)知”的常州蒋镇丢了性命；说“作则(贼)垂宪”的浙江林元亮也被斩了。更离奇的是，说“体乾法坤”是暗示“发髡”，秃子就是和尚，杀！说“拜望青门”就是站在和尚庙门口发呆，杀！“遥瞻帝扉(非)”不是恭敬地瞻仰皇宫大门，而是看热闹，杀！“天下有道”就是“天下有盗”，杀！皇帝对这几个字简直就是神经质了。

其实，说朱元璋是为了巩固自己江山的计策也不为过，但帝王不愿面对自己过去的隐私也是其中很大的一个原因。

隐私与个人的命运和尊严是息息相关的。尊重别人的隐私表明你是个有教养有素质的人。千万不要打探别人的隐私，以免给自己留下尴尬的名声。

小冯为人非常热情，读书时就喜欢广交朋友，关心别人。参加工作后，对同事们也一见如故，见到王小姐问：“你结婚没?”看见李先生问：“有女朋友了吗?”但是，出乎他的意料，同事并没有热烈回应他的“亲切关怀”，而是都笑笑掩饰过去，有个同事甚至拍拍他的肩头说“小伙子，不要随便问人家结没结婚。”这让小冯非常困惑，“难道我关心他们也错了吗?”

小冯打探别人隐私可能并没有什么恶意。可有的人却是不怀好意了，这种人到哪里都像瘟神一样让人躲避不及。

薇薇和莎莎同时来到一家公司，以后两人又经常一起做项目，配合默契,渐渐成为好朋友。最近,薇薇和自己的一个客户谈上了恋爱,客户各方面条件都不错,两人都很满意。很快到了谈婚论嫁的地步。

可是莎莎却发现,薇薇经常暗中流泪。莎莎就很关切地问薇薇是怎么回事。开始,薇薇不愿意说,可是架不住莎莎的不停追问,加上把她当

好友,就告诉她自己两年前被坏人强暴,怕恋人知道不原谅她。薇薇说完,还嘱咐莎莎:“你千万别告诉别人啊!”莎莎信誓旦旦地说:“放心吧,你这么相信我,我不会告诉别人的。”可是,没过多久,薇薇的男朋友就知道了这件事,提出要和她分手。薇薇问他:“是谁告诉你的?”

回答说:“不管是谁告诉我的,我认为你对我不够真诚。”

薇薇欲哭无泪。不久,她发现莎莎成了自己前男友的女朋友。薇薇这才明白,是莎莎窥探了自己的隐私又把它泄露出去了。

在现代办公室文化中,生活已经和工作分得越来越清晰,这也就决定了“私人朋友”和“工作同事”是两个概念。有的人分不清生活和工作的界限,不知道在小范围又有一定利益关系的人群当中,人们只有保守自己的隐私才能拥有安全感。这也是现在网络上,为什么有那么多的人,宁可将自己的心事向陌生人倾诉,也不愿意告诉身边熟人的缘故。打探他人

隐私，别人会认为你是用别人的秘密来满足自己的好奇心和窥伺欲，从而成为同事的心理防范对象。因此，不随意打探和泄漏同事隐私是办公室必须遵循的潜规则。

现代人的标志之一就是会尊重别人的隐私，如果你发现自己对别人的隐私发生了兴趣，就要反思自己了。窥探别人的隐私会被认为素质低下、没有修养，如果你将别人的隐私泄露出去，你会为别人所不齿。

05 言谈莫论人

显规则告诉我们“闲谈莫论人非”，潜规则将其深化成“言谈莫论人”，少了一个“非”字，照样免不了失言的麻烦。这涉及一个语言艺术的问题。

有的人不知道，有些话题可以公开交谈，而有些内容只能私下说。这些人通常都是好人，没有心机，但管不住自己的嘴巴，往往会造成意想不到的后果，甚至断送自己的职业生涯。所以，必须随时为自己竖立警告标示，提醒自己什么可以说，什么不能说。

有人说：“造物主让我们长两只耳朵，一条舌头，其意义在于让我们多听，少说。”这句话说得太对了。喋喋不休的人像一只进水的船，每一个乘客都想赶快逃离它。

所以，在办公室里一定要少说话，尤其是当比你强的、比你有经验的、比你更了解的人在座时，如果你多说了，便是同时做了两件对自己有害的事：第一，你暴露了自己的弱点与愚蠢；第二，你失去了一个获得智慧及经验的机会。

从前有一个大臣,因为在私下议论朝廷的事,被国王杀了头。临死之前,他对儿子说:“你要记住,灾祸多出于口啊! 你以后一定要记住你爹的教训。”儿子长大成人后,也做了大臣,一向谨慎少言,受到帝王信任。然而,有一次,他喝醉了酒,就胡说起来,结果招来杀身之祸,但当时他尚未生子,因而临死前,不由哭着对父亲的墓碑说:“父亲呀,你临走之前还有儿子可以告诫,而我却连可以告诫的人都没有啊!”

自古以来,灾祸多出于口舌。多言为祸害之首,所以古人有“祸从口出”“缄口自重”之说。牢骚太多会造成心胸狭窄,不利于进取,又可能导致同僚、上下级的关系恶化,所以千万不可多言。

某公司市场经理王倩像往常一样到下属部门指导工作,中午请部门同事一起吃饭。席间谈起一位刚刚离职的副总高洁,刚来公司不久的小张说:“那个高总啊,脾气太差了,真不好相处。”王倩说:“是吗,是不是她的工作压力太大,造成心情不好?”小张说:“我看不是,三十多岁的女人嫁不出去，既没结婚也没男朋友，老处女都是这样，心理变态。”

小张这么一说，刚才还聊得很热闹的局面立刻冷了下来，王倩的脸上略显尴尬。因为，除了小张，在座的老员工可都知道：王倩也是单身的女强人！好在一位同事及时改换话题，这才免去一场虚惊。

可是，小张并没有改掉这个毛病，常常打听别人难以开口的事情，如薪水、同事之间、同事和老板之间的关系，甚至连别人的夫妻感情也刨根问底。刚开始的时候，别人还认为这是对自己的关心，当成谈资笑料说说，但发现她对谁都一样，还把同事甲的事情拿去和同事乙做比较，大家都因此而后悔不已，从此，大家一见她来了，就立即实行“坚壁清野”政策，躲不掉就顾左右而言其他，比如天气、新闻什么的。她哪里会想到，说不定什么时候，一个不经意的信息就可能成为一件大规模杀伤性武器，被别有用心的人作“恐怖袭击”。

在办公室里，像小张这样的员工并不少见。他们就爱逞一时的口舌之快，不知道约束自己，慢慢地也让身边的同事很烦。办公室里闲言碎语，你最好一只耳朵进，另一只耳朵出，至少不做任何评论，不想说的可以坚决地回避，对有伤名誉的传言一定要表现出否定态度，同时注意言语以及风度。如果回答得巧妙，不但不会伤害同事间的和气，而且又回避了自己不想谈论的事情。当然也没有必要草木皆兵，但凡工作之外的问题全部三缄其口，这样便很容易让人以为你这个人不近情理。有时候，拿自己的私人小节自嘲一把，或者配合大家开自己的无伤大雅的玩笑，呵呵一乐，会让人觉得你有气度、够亲切，但一定要把握一个度，玩笑就是玩笑，开了就忘，不要认真。

言多必失，这是公认的道理，可言少也不一定没有失误，如果在错误的时间、错误的地点和错误的对象说了一句涉及具体人事的大实话，那后果也是很严重的。

这些都是办公室的潜规则，言谈举止方面的要求，常常会体现一个人意识和行为的高素质含量，语言方式、肢体动作都属于语言艺术。

语言艺术讲究不乱说话，不乱说话不等于不说话，也不等于战战兢兢地说话。说话要分场合、要有分寸,关键是要得体。这就要求你必须懂得掌握语言艺术。懂得语言的艺术,就能够帮助你更自信。

逢人且说三分话,不可全抛一片心。世界上什么人都有,你不能对谁都一片倾心。言多必失,是古人留下的大道理,老经验不能不记在心上。复杂的世态,还是少说多做为好。

06 诱惑面前三思而行

每个人都知道,保守秘密是做人的基本准则。在职场中,身为下属更应该保守公司和上司的机密。机密关系到企业的成败,关系到上司的声誉与威望。身为下属一定要牢记"病从口入、祸从口出"的道理,对保密事宜做到守口如瓶。

现代企业最注重商业秘密,有些公司对关系到自身命运的信息甚至到了严防死守的程度。作为一个成熟的职业人,必须做到:不该知道的,不去打听;已经知道的,要守口如瓶。如果说话随便,说了不该说的话,有意或无意地造成泄密,那么,轻则会使上司的工作处于被动,带来不必要的损失,重则会给企业造成极大地伤害,造成不可挽回的影响。

1990 年 9 月,美国国防部长切尼宣布解除空军参谋长杜根将军的职务,理由是杜根将军向记者公开发表了美国同伊拉克的作战计划,透露了美国的"具体作战方案",泄露了有关美国空军的规模和布防的机密。

在公司里,秘密无处不在。在很多大企业,公司和技术员工都签有保密协议和竞业禁止条款。即便是这样,也常常发生员工泄密的现象。而泄密的原因常常是来自于外界的巨大的诱惑。

陈辰在一家计算机公司做技术部经理,他业务能力很强,且做事果断,有魄力,老板很倚重他。他在公司也是春风得意,大有干一番事业的决心。

有一天,陈辰突然接到一个老同学的电话,请他叙叙旧。这个老同学是当年的校花,很多男同学都在追求她,也包括陈辰在内。

两个老同学多年不见,分外亲切。高档的酒店,柔和的音乐,美丽的女郎殷勤相劝,几杯酒下肚,陈辰就有点晕了。这时,女同学拉着他的手,说:"老同学,求你帮我个忙,好吗?"美人的眼里现出殷殷期待。

"帮什么忙?"陈辰很奇怪地问。

女同学说:"听说你正在开发一种软件,我们公司也正在搞,可是到现在还没有眉目呢! 你帮帮我吧!"

"什么,你让我做泄露公司机密的事?"陈辰这时还有点理智。

女同学压低声音说:"你帮我的忙,我们公司不会亏待你的。我先代表公司给你 20 万元报酬。我也会感激你的。"说完,女同学在陈辰的脸上深深一吻。陈辰抵挡不住了,在金钱和美色的诱惑面前丧失了原则。这天晚上,陈辰和梦寐以求的美女共度良宵,他还得到了 20 万元的酬金。他把自己的技术机密毫无保留地告诉了女同学,自己的良心和道德也被自己彻底地出卖了。

不久,女同学所在公司的办公室应用软件上市了,其核心技术就是陈辰的公司研制的。陈辰所在的公司被打了个措手不及,巨额的研发费用打了水漂,公司追究责任,追到了陈辰的头上,陈辰被辞退了。本可以大展宏图的他不但因此失去了工作,就连那 20 万元也被公司追回以赔偿损失。他联系那个女同学,人家已不知去向。他在业界留下了很坏的名声。

他懊悔不已,但为时已晚。

为了一己私利,泄露公司机密,是背叛公司、背叛自己的行为。这种行为给自己造成了污点,将自己的职业生涯笼罩上一层难以抹去的阴影。

在诱惑颇多的今天,人很容易背叛自己的忠诚而出卖别人或公司,因此,能够守护忠诚的人就显得更加可贵。

克里丹·斯特是美国一家电子公司很出名的工程师。这家电子公司规模不大,在日益激烈的市场竞争中,时刻面临着来自规模较大的比利孚电子公司的压力,处境很艰难。

有一天,比利孚电子公司的技术部经理邀请斯特共进晚餐。在饭桌上,这位部门经理对斯特说:“只要你把公司里最新产品的数据资料给我,我会给你很好的回报,怎么样?”

一向温和的斯特一下子就愤怒了:“不要再说了!虽然我的公司效益不好,处境艰难,但我决不会出卖我的良心做这种见不得人的事。我不会答应你的任何要求。”

“好,好,好,”这位经理不但没生气,反而颇为欣赏地拍拍斯特的肩膀,“这事儿当我没说过。来,干杯!”

不久,斯特所在的公司因经营不善破产了。斯特失业了,一时又很难找到工作,只好在家里等待机会。没过几天,他突然接到比利孚电子公司总裁的电话,说想见他一面。

斯特百思不得其解,不知“老对手”找他什么事。他疑惑地来到比利孚公司,出乎意料的是,比利孚公司总裁热情地接待了他,并且拿出一张非常正规的大红聘书——请斯特做技术部经理。

斯特惊呆了,喃喃地问:“你为什么这样相信我?”

总裁哈哈一笑，说："原来的部门经理退休了，他向我说起了那件事并特别推荐你。小伙子，你的技术水平是出了名的，你的正直更让我佩服，你是值得我信任的人！"

斯特这才明白过来。后来，他凭着自己的技术、管理水平和良好的诚信，成为一流的职业经理人。

"人无信不立""人无信，不知其可""言必信，行必果"，这些都是中国人的老经验。诱惑太多，你要在纷繁复杂的现代职场中站稳脚跟，就要忠于公司、忠于老板，也就是忠于自己。否则，背叛公司，背叛老板，必然是害人害己，自食恶果。

职场箴言

其实，我们知道，生活中的人不能简单地按好坏来划分。我们并非人人都会触犯"十诫"，但肯定都有触犯的能力。我们身上都隐藏着另一个不守清规戒律的自我，一有机会他就跳出来。一个人之所以品德高尚，是因为他没有受到足够的诱惑，或者是他的生活较为单调平静，或者是他专心致志于某事而无暇他顾。

07 不要因为爱情而辞职

男女搭配，干活不累，但前提是这样的搭配绝对不可以逾越一条红线——办公室恋情。几乎任何老板都会反对办公室恋情在本公司发生，道理太简单了，公司是紧张有序的工作场所，而不是花前月下的公园、卿卿我我的河边。只要你是个正常人，就很难做到对近在咫尺的情侣坐怀不乱，这必然影响工作效率。即使你像一头老黄牛一样勤勤恳恳地工作，你的老板也会怀疑你的上班时间是不是都在谈恋爱了。如果你真的与你的某位同事陷入爱河，摆在你们面前的只有两条路可走，要么你离开公司，要么你爱的人离开公司。潜规则却说，即便真的发生了办公室恋情，你也不要因为爱情而辞职。

涓涓是一家广告公司的客户经理，需要经常和公司其他部门一同合作，于是在合作过程中认识了李军。李军是平面设计师，一开始他们谁也看不上谁，见面就讽刺挖苦，李军说："你看你长得又难看，又没气质，嫁不出去。"涓涓就挖苦他："你好，青年发福，必能大展宏图。"两个人总是针锋相对，可是偏偏就有很多同事说他们"郎才女貌"，预祝他俩成为公司第一对鸳鸯。虽说两人都不相信，但时间长了，还真有了点味道，因为是同事，谁也没捅破这层纸，但别的同事都说他们是恋人关系。

后来，涓涓的工作受到了很大挫折，心情低落到了极点，李军不管多忙都会陪着她、鼓励她。当危机过去之后，两个人的关系迅速升温了。他们觉得在一起很幸福。

这时，涓涓的一个同事因为和李军的关系不好，就造谣涓涓通过李军泄露公司的商业机密，老板便向涓涓下了“死命令”：半年之内不许与李军有任何交往，免得让对手找到借口。涓涓怀疑老板对她不尊重，更不愿意舍弃自己的幸福，于是辞职了。

可是涓涓辞职后，一直没找到一份适合她的工作，涓涓很苦恼，而李军的事业却越来越好，他希望涓涓能和他比翼双飞。两人的关系也越来越疏远了。

经过这件事，涓涓觉得，无论恋情成功与否，辞职都是下下策。爱情和面包同样重要，千万别轻言放弃自己的事业。除非你已安排好下一步，否则绝对不可轻举妄动。而且辞职无疑是宣布“此地无银三百两”，让所有的人知道你和他的“关系”非比寻常。

那么当办公室恋情真的到来时，应该怎样对待呢？

第一，现在许多公司规定不准内部员工之间谈恋爱，所以即使你们相恋了，在办公室也要装作疏远甚至陌生，以免误了两个人的前程；哪怕公司没有这个规定，你们也要保持距离，因为办公室是工作的地方，不是你谈情说爱的地方。

第二，办公室恋情随着现代生活节奏越来越快，其发生率也愈来愈高。想想看，其实工作之后，大家接触非工作关系的异性的机会越来越少，刻意去“认识”是很多人所不屑的，而“偶遇”又那么可遇不可求。能每天了解多一些的，除了原来的同学就是现在的同事。日久生情也就成了很自然的事。假如你已经心有所属，这时你要保持清醒，要问自己内心最需要的是谁，要做出正确的选择。如果你不小心与上司有了那种不明不白的关系，又没有脚踏两只船的绝技，劝你趁早收场。

第三，日久是生了些情，但不一定是爱情。因为一方或双方已婚或已恋，于是就有了比爱情少一点、但比友谊又多一些的第四情感。把内心深处那点不合法的情谊化成工作中的帮衬，权当对方是自己工作上的“爱人”。第四情感在办公室里其实很常见。微妙之处则在于，这个“爱人”仅限于工作之内，不能带入个人生活。两情相悦要保持距离。若非情之所至，闹出情变或者婚外恋之类的事故，实属不智，也为许多白领所不齿。

所以，办公室恋情要么“双赢”，要么“赔了夫人又折兵”，以致闹得分手辞职，闹得满公司风风雨雨，到时无地自容也于事无补了。

记住，在发生办公室恋情后，你必须谨慎小心处理，不要让这份恋情断送了你的职业前程。

职场箴言

总想天天见面，却不能跟你走；总想和你同享快乐，却不能介入你的生活；愿意将自己的故事讲给你听，却没想过把生命与你相连；愿意分担你的忧愁，却不能彼此拥有……这就是第四类情感的玄妙和真谛。

08 保持神秘

当时光转到21世纪，社会给予人的束缚已经越来越少了，允许你拥有真正的个人隐私。一般来讲，隐私主要是指感情生活。如果你在感情生活方面，让人觉得神秘，你这个人就多少带上了神秘色彩。

但是，在三十年前，这是不可思议的，甚至婚姻也不仅仅是两个人的事，如果你想离婚，那你的政治生涯就该终结了；一个离过婚的人也不允许成为公司高层；一段办公室浪漫史也会成为你职业生涯的“终结者”。假如有人揭发你是同性恋者，你在职场将无从立足。

现在，不再有人去调查你的个人生活，甚至离婚也不必到单位开证明了，你真正拥有了个人的自由。那么，在这样宽容的环境下，是不是就可以把自己的一切都公开了呢？当然不是，而且，你还是应该保持神秘。

佳佳是个漂亮的女孩。大学毕业后，来到一家规模不大的公司。这里的员工都比较保守，但她不了解这种风气，一到公司，还像上学时一样，有什么说什么，一点不避讳别人。“我老公对我特好，每天上班送我，下班

还要在路边接我。”就有同事问：“你那么早就结婚了？”“没有啊，我们在一起，是在网上认识的呢！我觉得他特好，就从成都到北京找他了。”没用怎么问，就把自己的私生活全部公开了。漂亮女孩一点神秘感也没有了，大家还经常拿她开心。

相比之下，主管刘江可就老练多了。来公司这么多年，没人知道他到底住在哪儿，也没人见过他的女朋友。同事们多是外地的，逢上个节假日，大家会聚在一起，吃个火锅，聊聊天什么的，有的同事就会带上自己的女朋友或者准老公，只有这个主管大人永远是一个人招呼大家。有人说，他的女朋友在一家大公司，长得特漂亮。可始终没人见过，也就只是传说罢了。可是，公司的女孩子对主管特别看重，主管交代的工作，女孩争着做，都愿意给主管一个好印象。

假如这个主管也像别的同事一样，带着自己的女朋友出席聚会，会怎样呢？恐怕没有同事会认同他的标准。就算那个女孩真的很漂亮，他们只会根据各自的标准苛刻地评判。主管的形象也可能大打折扣。

事实上，即便你向他们介绍最漂亮、最聪明和最有魅力的人，他们也会苛刻地评判你。把自己的感情生活公之于众，对你的个人品牌存在着各种各样的危险。如果你总是领着不同模样的约会对象，那么你就是一个“花花公子”,而且,人们会认为你不可靠,不能委以重任。那你升迁的希望就可能成为泡影。

但是,就算你总领着同一个约会对象,也同样是危险的。如果你和这位众所周知的情侣分手了,你将被冠以“坏人”或者“无赖”的称呼。这样,你的职业生涯同样也会受损。

如果你的约会对象正好是一位同事,那么你所受到的评判将会更加苛刻。当然,千万别对大家说:“别和你的公司同事约会。”因为公司里总有人在互相约会,总有风流韵事发生。只要人们之间的关系过于亲近,那么这样的事情就一定会发生。但是,一定要把它藏好,这才是上策。

如果你是老板,你在自己的员工中更应该保持神秘感。假如你是和老婆一起创业的,记住,在公司里,要一切公事公办,不要把在家里的那一套带到公司来。如果你和自己的老婆各有自己的事业,不要让另一半干预你公司的事务。你不要轻易把他或她介绍给同事,也要不停地在同事面前夸奖他或她,让你员工觉得你们的素质都非同一般。尤其是你不能在办公室发生恋情。这样的结果,一般会让你大伤元气。

职场箴言

保持神秘,便具有吸引力,产生了使我们向往、探索并驱身前往的动力。制造神秘只能蒙蔽一时,操纵神秘才能保持永久的魅力。这是魔术师教给我们的生活哲理。

09　不学礼无以工作

一个人需要有礼貌,这是做人的根本,也是工作的需要。

礼貌,既是对他人的尊重,也是对自己的尊重。

年轻人朝气蓬勃，喜爱自由自在，对一些小节往往不太注意，包括礼仪上的事，看得不是很重要，认为“礼貌”是虚伪的。其实，人一旦踏入职场，就是走进了社会，就要遵守社会规范，特别是一些约定俗成的礼仪，尽管是客套话，但你还是应该养成礼貌待人的习惯。

我们每天都要几次甚至几十次的开门关门。有人会说，这么简单的一个动作连几岁的小孩子都会。殊不知，开门也是有学问的。特别是公司的员工，从开门中也能体现出个人的修养。

当需要进入别人的办公室或会议室时，要轻声敲门。得到允许后，轻轻推开门，门柄在右则用右手去开，门柄在左则用左手去开，不可扭着身子开门，进门后要注意不可反手关门，正确的关门方法应是面向门轻轻地关上，不可使劲关门，更不能使门发出大的声响。

如果我们陪伴客人同行，应将来客领到房门的前面，打开门先让客人进去。如果门是向外开的，应把门向自己的方向拉开，请客人先走；如果门是向里开的。应把门推开，自己先进，并扶住拉手，不让门动，再请客人进去。如果是大厅的旋转门，应该自己先进去，不要再推让客人。

可见，一个小小的开门动作就包含了如此多的学问，所以员工要在日常生活中多观察、多留意与他人相处时的礼节。才能处理好路怎么走、车怎么坐等这些看起来微小但影响很大的事情。

一些职场新人认为，礼貌是一种虚伪，是没有什么实际意义的。可是，设想一下，如果早上见面，大家视而不见，连个招呼也不打，你觉得同事关系舒服吗？如果对方向你打招呼，说声“早”，你却毫无反应，对方又会怎么想你？

再举个例子：电话已成为公司和外界以及内部之间交往频繁使用的工具。尤其是在公司的业务交往中，电话使用的频率要比其他通讯设施高出许多。在公司使用电话与在家中使用的情形有所不同，其中有许多规则需要遵守。

在公司打电话时，要注意保持礼貌，因为和你交谈对象，绝大多数是公司生意中往来的客户，或是潜在的客户，所以在接听电话时，虽然不清楚对方是谁，但也要表现出应有的礼貌，给每位来电话的人或接听电话者留下美好的印象。在聆听对方谈话时，要不时地附和，使对方明白你在认真聆听。

人，无论是谁，无论身处何处，都喜欢不同程度地接受别人善意的表扬和尊敬。作为一个企业的领导，更要懂得礼貌，对员工说话要多带客气的字眼，而不只是发号施令。

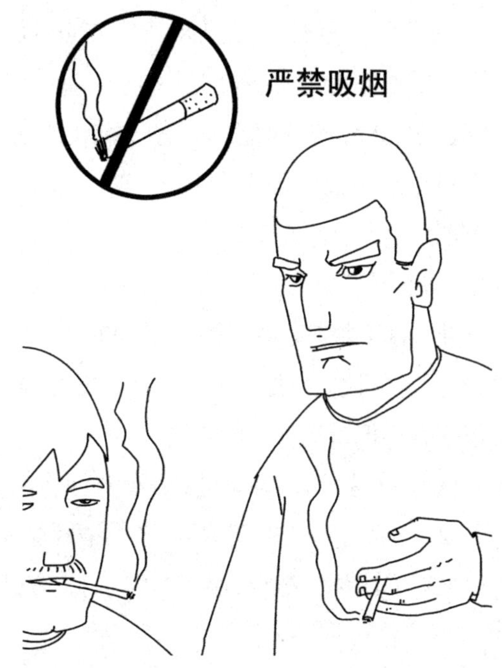

午休时间，查尔斯·史考勃决定去自己的钢铁厂看看。当他走进工厂时，看见几个人正在抽烟，而在他们的头上方就有一块大招牌，上面清清楚楚地写着“严禁吸烟”几个大字。

假如史考勃指着牌子对他们大吼：“难道你们都不认识字吗？”这样做，显然只会招致工人对他的逆反和憎恶。史考勃当然不会那样做,相反,他朝那些人走去,友好地递给他们几根雪茄,微笑着说:“诸位,如果你们能到外面抽掉这些雪茄,那我真是感激不尽了。”吸烟的人此时立刻明白自己违反了一项规定,于是,一个个都把烟头掐灭了,同时对史考勃产生了好感和尊敬之情。因为史考勃没有简单地斥责他们,而是礼貌的、用充满人情味的方式,让他们乐于接受这样的批评。谁不喜欢与这样的人共事呢?

你逼迫别人认了错,可能会得到一时之快,殊不知,这种违背他人内心意愿的做法不仅激起了对方的逆反心理,使事情的错误得不到及时解决,还会在对方心中积下怨恨,可能会促使事情向相反的方向发展。

一位成功的管理者有着很强的凝聚力,他能使员工兢兢业业地工作,有人请教其奥秘,他说:“只要记住,对任何人说话时,总是以提建议的方式来表达就行了。因为命令无效,请教事成。”

既然你身在职场,就得适应职场上的礼仪,做到举止得体。也许,你会认为这种“得体”就是一种虚伪,但是在一些办公室等公共场合,你举止不得体,就没有人愿意与你交往。如果大家都不愿意与你打交道,那么你就无法工作下去,你在职场就会被边缘化,变成一个孤家寡人,一旦这样,你在职场就没有什么前途可言了。

在现代职场,不管你适应不适应,都得遵守它现有的各种礼仪,都得遵守这个社会的礼仪与规范,因为,如果失去它们,整个社会就会失去秩序。

职场箴言

礼貌,是文明的象征,也是人的品德的第一要素。一个人的礼貌,就是一面照出他肖像的镜子。礼貌即使是虚伪的,你也要遵守。

10　与同事相处要有道

办公室相处是有一定学问的，尤其是现代社会的办公室环境是比较复杂的，每天都在发生着各种各样的是非。这些是非有的是关系到你的，有的是同事之间的，面对这些是是非非，你该怎么办？

而在办公室中，和你打交道最多的就是同事，同事关系是所有人际关系中较为微妙的一种。大家来自五湖四海，生活经历、生活环境、学识、修养各不相同。如何在办公室中处理好与同事的关系？这里有一定的原则可循：

1. 不拘小节，要吃大亏

在很多时候，我们会认为不拘小节是一种豪迈的表现。需要注意的是，如果在生活中与自己关系亲密的人不拘小节，是一种大度的表现。如果在职场中与自己的同事或者领导不拘小节，就注定要吃亏了。

初入职场的年轻人经常会犯这样一个错误，就是与同事们相处不注意细节。每一个同事都有各自的思想，有时候同事们之间还会存在利益冲突。这种复杂的关系在很大程度上掺杂了个人感情、好恶、与上级的关系等复杂因素。表面上大家同心同德，和和气气，内心里却都有各自的算盘。这就要求我们与同事相处时要注意细节，不能过于随便。

2. 口无遮拦，伤人伤己

冯梦龙先生在他的《三言》中总结了两句话："是非只为多开口，烦恼皆因强出头。"意思是说，人间的是是非非都是张嘴说话招惹的；个人的烦恼都是因为想出人头地引起的。

如果你非常热衷于传播一些挑拨离间的流言，经常性地搬弄是非，就会让单位里的其他同事对你产生一种避之唯恐不及的感觉。要是到了这种地步，相信不久之后，你在这个单位的日子就不太好过了，因为到那时

已经没有同事愿意和你交往了。

说话有说话的技巧，假如出口不够谨慎，没有顾虑到听者的立场，就很容易在无意中伤害别人，而产生一些误会，而这样做有时候也会给别人丢下把柄，有一天身受其害都不明白是怎么回事。

所以，在办公室中的每一分钟你都要想清楚，自己该说什么，不该说什么。要张大耳朵，封紧嘴巴，“有耳无嘴”不只是大人教训小孩子的话，也是办公室的生存秘诀之一。

3. 伸手借钱，会伤感情

人们经常说：“如果你想破坏友谊，只要借钱给对方就行了。”金钱借来借去一定会发生问题。

职场中的同事是以挣钱和事业为目的走到一起的革命战友，尽管比陌生人多一分熟悉，但终究不像朋友那般有着互相帮衬的道义，离开了办公室这一亩三分地，还不是各自散去各奔东西。所以，如果不想和同事的关系错位或变味，就不要向同事借钱，也不要把钱借给同事。

可是工作中，免不了会有同事伸手向你借钱，这时候你要怎么办？首先你应该了解一下情况：此人是否真的经济拮据？会不会如期还钱？另外，他平时在同事间的信誉是否良好？

要是答案都是肯定的，大概这位同事确是有燃眉之急，帮个忙是正常的，也应该向他伸出援助之手，帮他渡过难关。

如果答案刚好相反，此人出手大方，花钱无度，并非不知自爱，起码也是理财无方，不值得帮忙。你不妨委婉地告诉他："对不起，我这个月的资金也比较紧张，恐怕帮不上你的忙。"这样的回答可能会令你和同事都有点难为情。但要知道，这样的人，假如你把钱借给了他，就可能是"肉包子打狗，一去不回"。你又不可能一次次地向他讨要，否则会伤及到你们之间的同事感情，所以不如压根儿就不借，少了后来的麻烦，同事之间的关系也许会更好一些。

4. 同事交心，不可随便

同事之间在一起共事，低头不见抬头见。在很多事情上都要互相帮助、互相关心。然而，同事之间也存在着利益关系、竞争关系，这些关系往往对同事成为挚友是一种制约。因为在利益面前，很多所谓的同事会背叛你。

有时候，一些推心置腹的谈话能够构筑一种暂时的"办公室友谊"，但职场内充满了利益冲突，彼此的位置和关系随时可能改变，今天是好朋友，也许明天就成了敌人。那过去的秘密就成了对方手上的把柄，正所谓"害人之心不可有，防人之心不可无。"

5. 私下争宠，实不可取

要是公司当中有人喜好巴结上司，向上司争宠的话，肯定会使其他同事看不顺眼而影响同事之间的工作感情。如果真有需要巴结上司，应尽量相约几个同事共同去巴结上司，而不要在私下搞一些见不得人的小动作，让同事怀疑你对友情的忠诚度，甚至还会怀疑你人格有问题，以后同事再和你相处时，就会下意识地提防你，因为他们会担心平常对上司的抱怨会被你告知上司，你借着打小报告而巴结到上司。一旦发现你出卖了同事，你们之间的友情就宣告结束，就连其他想和你交朋友的人都不敢接近你了。因此，不要私下向上司争宠，这也是确保同事之间友谊长久的方式之一。

职场箴言

职场既有友情，也有敌意，凡事小心一些，才能与同事建立融洽的关系。